兵頭二十八

自転車で勝てた戦争があった

サイクルアーミーと新軍事モビリティ

並木書房

序

わたしは、近未来に、古くてあたらしい《自転車》や《無動力のスクーター》が、何万人もの命を救うことになるだろうと思っています。

この1冊を書いたのは、その未来を皆さんに伝えたいためです。

しかし、いきなり至高のテーマの説明から始めても、誰もついて来てはくれぬと、経験から、わかっています。

そこで、大多数の方が知っている「はず」である、先の大戦のお話から、いたしましょう。

サドルも、チェーンも、ペダルも、ギヤも、ゴムチューブも無い「押して歩く」だけの自転車――それは今なら「手押しスクーター」とも呼ばれましょう――を調えるという着想が、もし戦前のわが国の指導者層に持てていたならば、先の大戦で、わが国は、敗けなかったかもしれません。

……えっ、何ですって？

左様。もし今から2年ほども前でしたなら、「お前は60歳を過ぎて小学生みたいにくだらぬことを空想してるなよ」と、こんな話は、みずから一蹴していたでしょう。

ところが、この可能性を頭の片隅に置いて史実の数値を眺めているうち、「それは妄説ではない」と思われてきた。じつは、その文献確認で、昨年（２０２３年）は、すっかり時間を費やしました。おかげで老眼が一層悪化したことは苦にしていません。

外見からはそれほどとはわからない技術の飛躍が、自転車工業にはたびたび、あったようですね。なかんずく、市販品のタイヤやチューブのゴム関係が、昭和24年（１９４９年）頃を境に画期的に改良されている。どうも、その普及は世界的であったようです。

本文の第5章でも再説をいたしますが、そんなベーシックな機能改善があったので、１９５４年、制空権をまったく有しないベトミン・ゲリラが、《万単位の数の市販自転車のフレームに２００kgの軍需品を吊るしたものを輜重兵が夜間に押して歩き、荷物をリレー式に前送させる》というユニークな《補給トレイン》を実現することができて、「ディエンビエンフー要塞」に立て籠もったフランス植民地軍の大部隊を火力で圧倒して降伏に追い込み、旧宗主をインドシナから追い出す端緒が作られたと考えられるのです。

しからば、同じようにジャングル内の細道を縫う、人力による長距離補給計画を、1949年以前の物資や技術のみを用いた自転車――もしくはその簡易改造品――を使って、1942～44年の日本軍が、東部ニューギニアやガダルカナル島やビルマの最前線で実施することは、不可能だったでしょうか？

この本は、「関係者が機転が利く者だったならばそれも可能であった」と論証します。

第1章ではまず、1944年の「インパール作戦」から検討しましょう。

よくこれは、近代日本の戦争指導上、最悪の失敗の代表としてあげつらわれます。

じっさい、発案人にして「第15軍」司令官たる牟田口廉也（むたぐちれんや）中将の頭の中は粗雑のそしりをまぬがれません。が、その事実とは独立に、当時でも「押して歩く」金属製自転車を、上海、仏印、タイ、ビルマ方面で数千台から数万台くらい、かきあつめることはできました。

基本、「乗用」は考えないので、車輪は金属リムがしっかりしていてくれたら、そこに麻縄なり竹ひごなりを巻きつけて、空気タイヤ以前の「ソリッドゴム」の代用緩衝材とし、またもしスポークが超過荷重で折れ曲がってしまいそうだったならば、野山砲の砲車の車輪よろしく、木材で補強すればよかった。チェーンやペダルどころか、クランクやギヤも欠損していたって、構いはしなかったのです。

江戸時代に来日した医師のシーボルトが1826年に書き留めています。当時の日本国内で牛に曳かせていた荷車のホイールには鉄環は巻かれておらず、その接地外縁の木部の磨耗を防ぐために、割り竹を8の字状に編んで巻きつけてあった、と。ビルマには竹が自生していました。パンクしがちな当時のゴムチューブの空気タイヤなど、さいしょから除去してしまって、鉄リムにゴム片を貼り付けるか、何かその用途に適した植物繊維を巻きつけて保護するだけで、長い距離の「押し歩き」に耐えてくれたのではないかと思います。

それに加えて、現地ビルマにおいて、車輪までが切り抜きのソリッド材木の「全木製スクーター」

を各部隊で自作し、そこに200kgの物資（食糧や弾薬）を積載して人力で山道を押して行くことすら、技術的に可能だったと考えられるのです。

後者の、目の当たりの証拠品が、コンゴ民主共和国の東部で活躍中です。そこでは現在でも、ストリートの木工職人たちが、ブッシュナイフ1本を道具として、ありふれた材木と廃タイヤの切れ端から、わずか2日か3日で、全長2mの「チュクードゥー（Chukudu）」（これについては第1章のおしまいのページをご覧ください）をハンドメイドしています。

頑丈なタイプですと、ユーザーが450kgもの荷物を毎日運んでも、2、3年間は耐用するといいます。1970年代いらい工夫され洗練されている、「無動力の輸送機械」の優等生なのです。

この木製スクーターのスペックを、いくぶん割り引いて――たとえば載貨量を100kgと抑制し――条件代入してみたとしても、当時の日本軍の目的であったインパール市の占領は、たぶん、一時的にはできてしまったでしょう。というのはコメ80kgを1人の人間が背負って長時間歩行することは不可能ですが、積載力100kgで自重数十kgの自転車もしくはスクーターを押しながら延々と行軍を持続することはできるからです。

コメ80kgで1人の兵隊の4ヵ月分、または2人の兵隊の2ヵ月分のカロリーになりました。その自転車1台を2人がかりで押し引きすれば、険難な急坂も通過できたのです。

自転車のような、前後にタンデムに2輪のついた荷車の特長は、斜面を通行するとき、押し手がロール傾斜をキャンセルすることで、横倒しを免れることとです。急斜面の直登であろうがトラバース（横行）であろうが、車体はうしろから見たときに、左右に大きく傾きません。それは、人間や動物の歩き様に、近い。

キツネが冬の湖氷の上を歩いた足跡を見たことのある方は、その足跡がまるで1条の点線としか見えないのが、不思議で面白いことでしょう。前脚が安全に踏むことのできた線上を、後脚も的確になぞって進む。自転車にも、似たことができるのです。もし前輪が、穴や岩木の段差衝撃にわずらわされずに済んだならば、後輪もわずらわされません。

19世紀末の自転車デザインの模索期に、いくつかの軍隊で、「3～4輪自転車」を重機関銃の運搬に使えぬかどうか、試しています。そして学習しました。レール上を走らせる専用の自転車（ウォーサイクルズ等と呼ばれました）でないかぎり、3～4輪の自転車は勝手が悪くて非実用的だ──と。前後左右の車輪のすべてが、地面の凹凸を避けるべく、進行線をハンドルで微調節し続けることなど、誰にもできやしなかったからです。

自転車が近代人類の大発明であるゆえんは、「次々にあらわれる地面障害をやすやすと避けて通れる前後タンデム2輪で、それなのに横転はしない」という、思いがけずも野生動物に類した「地形即応力」にあったのではないかと思っています。

さて、歴史の「ｉｆ」として、この自転車を「手押し荷車」として活用する着眼により、日本軍がなんとかインパールやその北方のコヒマまで占領できたとしましょう。やはりその直後に、連合軍から大逆襲を喰らった可能性は大です。

その場合でも、日本軍の全部隊が給養不良のためほぼ同時に一斉に活動力を喪ってしまうというカタストロフィックな行軍計画の破綻は起きません。自転車と、それを押す兵隊の体力が残っている以上、退却路がジャングル内の1本道しかなくとも、「独歩不能な重患者」たちを、ただの1人もジャングル内に置き去りにすることはなかったでしょう。

自転車は、疲労した兵隊にとっては「寄りかかれる杖」となり、まったく歩けない重傷者に対しては、ストレッチャーの機能を提供できました。患者を、モンスーン豪雨で水浸しの地面から持ち上げて、必要ならば2人分の2週間分の食料の他に装具もいっしょに載せ、それをたった1名の健常兵だけで、押して行けたでしょう。

ベトナム人は、ベトナム戦争中、2台の自転車を前後に連ね、その2台のあいだに「担架」をかけわたすという方法で、軽便な「患者輸送車」をこしらえています（Jim Fitzpatrick著『The Bicycle in Wartime』の185ページに、その一例の写真があります）。

いよいよとなれば、1台の自転車の後部荷台に丸太棒の前端だけを引っ掛けて、棒の尾端は敢えて引き摺るように接地させ、その丸太に患者をぐるぐると縛りつけた状態で、その自転車を押して歩いても、なんとかできたはずです。

もちろん木製スクーター「チュクードゥー」（第1章の最後で解説しています）のメインビーム上にも、1名の患者を後ろ向きに座らせておくことは可能で、それを1人の「押し手」により、2人分の食料とともにジャングル内を延々と後退させることは、難しくはなかったのではないでしょうか。

さすがにしかし、そこから先の戦争の行く末となりますれば、相手方も百般の策を講じたはずですので、見通しは曇ります。

まさか自転車の兵站力だけで、ロンドンやワシントンまでも攻めていくことはできません。米国のマンハッタン計画（原爆開発）を阻止するのも無理でしょう。

それでも、間違いなくビルマでもフィリピンでも、日本軍は戦史よりもずっと少ない死傷者で、頑強この上なく抵抗し得たでしょう。そしてその「新現実」が、連合国側の戦争指導部をして、ドイツ占領後の長期戦争を嫌忌させ、早期の対日媾和を考えさせたかもしれません。

その間の、日本本土内の戦時経済活動も、史実よりは遥かに高速に回転し得たでしょう。自動貨車（トラック）と石油燃料の不足を、効率的に、プッシュバイク（手押しの荷車スクーター／自転車）が、補ったと考えられるのです。この話は、本書の最終章、現代のわが国の重要課題とも関係してまいります。

第2章では、1904～05年の日露戦争ではどうして日本軍は自転車を使わなかったのかを、ごく簡単に考察します。

そもそも軍隊が自転車を本格的に戦争に使用したのは、1899～1902年の「第2次ボーア戦争」。

とうじ欧州の時評家は、《騎兵の時代は終わり、自転車歩兵が現代のドラグーン（乗馬機動歩兵）になる》と予感したものでした。明治期の日本陸軍はニア・リアルタイムで欧米の戦争報道を熱心に全訳していました。この最新アイテムの華々しい登場を知らなかったはずがありません。なぜ、それを対露戦では役立てなかったのでしょうか？

もし「荷車」としての自転車に、日露戦争のずっと前から価値をみいだせた慧眼の戦略家と行政官がいたならば、対露戦争の戦場を「南満洲」に限定する必要はありませんでした。日本陸軍は、朝鮮国境から北上してウラジオストック軍港を攻略できた可能性があります。長春から遼東半島の南端まで延びていた「東清鉄道南満洲支線」も、奉天以北、たとえば四平で遮断できた可能性があります。

日露戦争の展開は、土台から異なったものになったでしょう。

なお、日清戦争と自転車の関係については、次の第3章で説明しています。

第3章では、昭和12年以降の日本政府が、鉄やゴムを消費する自転車製造業を基本的に兵器増産のさまたげだとみなして制限してしまう不明と、それにもかかわらず、対英米戦争の初盤、1941年12月から翌年1月にかけて、マレー半島を南下してシンガポールを電撃的に攻略するのに民生品の自転車を役立てようと考えた、エリート参謀・辻政信（つじまさのぶ）大佐の思惑が大当たりしている理由を考究したいと思います。

この章ではまた、18世紀の自転車の始祖とされる「ドライジーネ」から1930年代までの自転車「進化」史も、簡略に承知しておこうと思います。

第4章では、開戦劈頭マレー半島での大成功があったにもかかわらず、1942年に東部ニューギニアの脊梁山脈を歩いて越えようとした「ポートモレスビー攻略作戦」と、同時期に並行して展開した「ガダルカナル島攻防戦」に自転車を使おうという発想がまったく抱かれなかった理由について、いささか想像します。

わたくしの見ますところ、ガ島でもオーエンスタンレー山地でも、「押して歩く」自転車を、動物輜重の代用にするという発想さえあれば、経過はまるで違ったものになり、終始、「餓死者」「残置患者」はゼロにできたでしょう。

しかし、マレー半島で実行されている奇襲開戦計画とは異なって、ソロモン方面の作戦は、対米英蘭開戦後、かなり経ってから、泥縄計画のようにして急進展したものです。空母戦力に期待していた日本海軍の根本計画が、ミッドウェー海戦でとつぜんに破綻してしまい、爾後は、空母ではなく、島嶼の航空基地に頼るしかなくなったという《事情の急変》が、陸軍部隊の仕事も急かしました。そのため、何ヵ月も前からまとまった数の自転車を揃えて前線に送り込むべく準備をなし得たような「軍司令部組織」は、そこには初めから存在しなかったのです。もちろんその前に、自転車の輜重的運用をふだんから研究していたような幕僚も団隊長も——辻政信も含めて——誰もいませんでした。辻グループは、戦間期イタリアの自転車利用戦術の翻訳以上の発明をしたわけではなかったのでしょう。

わたくしは、机上であれこれ空想をしているだけでは科学的ではないと思い、協力者を募り、タイヤのゴムとチューブを意図的に除去してしまった現代の自転車に80kgの砂袋を縛り付けて、里山の坂を押して登ってもらうという「実験」を、2024年1月~2月に撮影してもらいました。その動画も、下記のQRコードから、ネットのアップロード先へリンクしておりますので、どなた様もご覧になってください。

第2次大戦後のベトナム人たちの偉大な創見である「荷車化した自転車」を、先の大戦中の自転車で日本軍が実行した場合の実用性について、読者の皆様が、幾分なりとも想像しやすくなりましたなら、望外のよろこびです。

第5章では、その1950年代~60年代の北ベトナム軍の「プッシュバイク」の成功因を探ろうと思います。

今から十年以上も前でしたなら、ベトナムを旅行した外国人たちは、現地で自転車に途方もない大荷物を積載して押して歩いている人を、街なかでも見かけることがあったようです。が、2024年1月に南ベトナムに旅行した人の話ですと、もう自転車でそんな苦労をして物を運んでいるような人は、いそうにもない感じだったそうです。ベトナムの経済発展は順調で、それにともなうモータリゼーションが進んでいるのでしょう。

ただし、私の想像では、ベトナム軍の内部では、今でも「プッシュバイク」の装

https://www.youtube.com/watch?v=Fe6o4LfJiIc

備と訓練と研究が、あるはずです。彼らは、それを外部にはことさら、宣伝しないのです。

第6章では、ドイツ軍、イタリア軍、スイス軍の過去の自転車活用について短く瞥見し、そのうえで、近未来の日本国が遭遇する可能性のある国家非常事態と自転車の関係について、多少展望し、拙著をしめくくりたいと思います。

解決至難な社会の少子高齢化と取り組まなくてはならぬわが自衛隊も、早く自転車の正式導入を考えたほうがいいに決まっています。この本の全篇が、その問題提起となっていることを読者の皆様が察してくださいましたなら、うれしいです。

目次

第2章　日露戦争は「自転車にとってのタイミング」が悪かった

第3章　なぜ「マレー進攻作戦」だけが「銀輪」活用の成功例となってしまったのか？　108

第4章 「東部ニューギニア」と「ガダルカナル」の悪戦を、自転車は変えられたか？

第5章 ベトナム人だけが大成功できた理由は？

［コラム］

第1章 インパール作戦――「置き去り」にしたかどうかで決まった「餓死者数」

インドとビルマの間は、広い不毛の密林山脈が「自然国境」を成していた

インパール作戦（1944年3月8日～7月3日）は、先の大戦（大東亜戦争）中、日本軍が計画して発起した諸作戦のなかでも、糧食補給を軽視した点でとびきり無謀・愚劣であったと、作戦の実施当時から今日までも、大方の人が批難せずにおかない、わが国近代戦史上の暝い金字塔です。

インパール作戦には、日本軍将兵約10万人が動員されました。そして、4ヵ月間続いた作戦期間を通じ、退却途中の置き去りを含めた陣没者数が、計3万人にのぼるとされています。

これはフィリピン防衛作戦（1944年10月～45年8月15日）の10ヵ月間の日本兵の陣没者43万人には及ばないものの、その3万人の死者のうちの8割もが、実態として「餓死」にカウントされるのがふさわしかったと聞けば、誰でもそれはスキャンダルだと感ずるのが尤もでしょう。

色が塗られた世界地図ではなく、学校教材の「白地図」を眺めますと、インドとビルマの間に、特に越えがたい地形障壁があるようには、見えません。

しかしインド人とビルマ人は、顔つきが顕著に違っています。それは、過去、何百年間も、両地域のあいだでの人の移動が不自由であったことを物語っています。

インドのベンガル地方（今日のバングラデシュ）は、昔から、世界有数の人口過密地でした。自然が、多くの人口を養ってくれるからだと、誰しも想像ができましょう。

ところがそこからちょっと東のアラカン山脈になると人口密度はガックリと下がり、さらにその東のチンドウィン川を越えると、ほぼ1村もない幽谷帯が、ジビュー山系とのあいだに横たわっていました。その一帯こそ、「フーコン谷」と呼ばれる、現代のインド国境や中国国境に沿って広がる、ビルマ（ミャンマー）北部の辺境僻地だったのです。

インド駐留の英国軍は、インド植民地を防衛するのには、この、天然無人の大密林帯の西側で、日本軍がはるばる苦しみながらやってくるところを迎え討つのが、《逸をもって労を待つ》態勢になるので合理的だろうと、わかっていました。英国人が地域の歴史について調べたところでは、かつてのインパールのヌンプール王国とビルマとの角逐は、進攻した側が必ず敗けていました。現地の兵隊たちにすら、現地補給が不可能だったからでしょう。

次節において、ウィンゲート旅団＝「チンディッツ」長距離挺進隊についての解説をいたしますが、陸路の太い後方兵站線を敢えてかえりみないでビルマ奥地を行軍すれば、日本軍だろうと英軍特殊部隊だろうと、飢餓死に直面するほかなかったのです。

ビルマで軍事活動を考える者は、雨季を忘れてはなりません。

この地域ではモンスーンのサイクルにしたがって、毎年5月中旬から10月中旬は雨季となり、とくに6月からは連日どしゃぶりが続いて、傾斜地の道路は流され、渓流は増水して濁流となり、平地では湿地の面積が拡大し、とうてい、歩兵部隊の長距離行には、適さなくなります。雨は人の体力を奪い、健康な将兵をもマラリアに抵抗し難くし、病人はなおさら衰弱して死期を早めるでしょう。そして雨季には飛行機が基本的に飛びません。

これがために、もし軍隊がビルマで本格的な作戦を実施するなら、5月になる前に宿営拠点を確保してそこで雨季のあいだは休息ができるよう、ぬかりなく計画して実行し、極力、雨季を避けるべきであることを、日本軍も英国軍も、ローカルの教訓として理解をしていました。

陸上から補給を受けない長駆侵攻の手本を牟田口に示した「チンディッツ」部隊とは？

１９４３年2月、インパールを出撃基地とし、騾馬(らば)１０５０頭をともなう徒歩機動の３０００名の《特殊部隊》が大きく2手に分かれてビルマ北部に侵入します。彼らはチンドウィン川を深夜に隠密的に渡河して、さらに「コラム」と称した小部隊（増強歩兵中隊規模）に分かれ、それぞれが輸送機（ぜんぶで3機の双発ハドソンと、3機のＤＣ‐３ダコタ）からパラシュート投下される補給品を昼間に受取りながら、夜間に道の無いジャングル内を潜行して東進。マンダレーからミイトキーナに延びる鉄道線路を数十箇所で破壊したあと、さらにイラワジ川の東岸にまでも浸透し、そこから引き続き、日本軍の追跡をかわしながら、往復１６００km、コラムによっては２４００kmを歩き抜いて、雨季が始まる5月以降、ばらばらにインド領まで帰還しました。日本軍から見ると「はなれわざ」的な挺進攪乱作戦が、英国軍によって敢行されたのです。

牟田口廉也中将は43年3月18日に、「緬甸方面軍」（河辺正三中将を司令官として4月に新編）隷下の「第15軍」の軍司令官に昇任することになったのですが、その以前は「第18師団」の師団長として、まずマンダレー市の近くのメイミョーで、この挺進旅団の浸透についての報告に接し、移動するのは夜間だけというユニークなゲリラ戦術のために終始、翻弄されてしまいます。当然ながら、強い印象を刻まれました。

この挺進部隊をインド中部で教育訓練し、作戦の陣頭指揮を執ったのが、英陸軍内の異分子的な少壮将校であったウィンゲート（Orde Charles Wingate）中佐（やがて戦時特進で旅団長心得の臨時少将となる）でした。

英軍内での部隊呼称は「長距離穿貫グループ」もしくは「チンディッツ」。沖縄で「シーサー」と言っている、石の狛犬（ライオン）を、ビルマ人は「チンセ」といい、それが英国人の耳には「チンディッツ」と聞こえたのが由来だそうです。

連合軍からイギリスを脱落させてやる手として、チャンドラ・ボースが率いるインド独立軍を、なんとかインド国境まで送り込んでやることはできないかとかねがね案じていた牟田口中将は、このウィンゲート旅団がじぶんの警備担当地域を通って大胆に往復通過してみせたフーコン谷やアラカン山地を、どうして日本軍が片道通過できないことがあるかと考えます。自説を補強してくれる「証拠」が敵によって眼前に示されている。そしてそれに反論できる資料を、牟田口の周辺の者たちは持ち合わせませんでした。ジャングル内の長期自活について、誰も実験したことがなかったのです。

ウィンゲート最大の手柄は、《牟田口に自殺的なインパール作戦の成功を確信させたこと》だった、と言えるかもしれません。

「チンディッツ」の長駆徒歩挺進作戦は、じつのところ、英軍ならではは利用ができた、特異な条件が実行可能にしていました。なおかつ、防備された地点や有力な敵野戦部隊を決して正面攻撃することはできないという、日本軍が真似をすれば、ことのほか困りそうな制約もあったのです。しかし、英軍の巧みな宣伝（偽情報を含む）もあり、牟田口もその周辺者も、そこまでの洞察ができません。

手短に解説しましょう。

１９０３年にインドで生まれたウィンゲートは、英本国の士官学校を卒業すると、砲兵連隊の士官としてスーダンやリビアへ派遣されました。

ついで１９３６年から39年にかけて、情報将校としてパレスチナに勤務します。「モスル～ハイファ」の石油パイプライン沿いに暮らしていたユダヤ人をアラブ軍の襲撃隊から守る、夜間パトロール隊を率いたことで、彼は歩兵の小部隊で敵地深く潜入するコツを会得しました。また、今のイスラエル軍の創始者の一人にもなりました。

１９４０年から41年にかけ、ウィンゲートは、「中東コマンド」のウェーヴェル司令官の部下となります。このときは、エチオピア人のパルチザンに道案内をさせ、イタリア軍の補給線に、ゲリラ攻撃をして廻っています。

日本軍の西進からインド植民地を守るため、「インド・コマンド」の司令官へ転任したウェーヴェルは、42年にウィンゲートをインドに呼び寄せます。

当初、英政府としては、インド東部から雲南にかけてビルマ北部を打通し、ラオスや重慶まで達する連合国の陸上回廊を確立する、早期の反対攻勢を画策していました。ウィンゲートは、その主作戦に呼応する支作戦として、糧秣(りょうまつ)をすべて空中投下に依存する潜入陽動がビルマ奥地で可能なはずだと考え、研究に着手したのです。

そのさい彼は、カーストごとに食事内容を変えねばならぬインド兵は後方業務を面倒にする要素なので、排除する意向でした。インド駐留英国軍の主流将校団は、そんな彼を冷視します。

1942年の夏(モンスーン雨季)、インド中部のジャングルにて、ウィンゲートは、特殊作戦部隊の選抜と練成にかかりました。ネパールのグルカ兵の他、日本軍に追われてインドまで逃げてきたビルマ人の兵隊も混ぜています。

ウィンゲートの着想では、ベンガル東部の英軍航空基地からCAS(近接航空支援)をさしかけてもらえる以上は、この挺進部隊は山砲をともなう必要がありません。また、無線要請により逐次的に輸送機から物料投下をしてもらえるのなら、部隊の輜重行李(しちょうこうり)は極限までスリム化して構わないはずでした。

単位部隊とする「コラム」の基本の規模は、密林内で昼間は隠密にビバークし、夜間はまとまった行動が可能で、もしも強力な敵部隊に追われたさいには敏捷に位置をくらませ得ることを重視。「将兵306人+騾馬57頭」としました。じっさいには「人員450人+騾馬120頭以上」に膨らむこともあり得ました。

1個コラムは、小銃中隊（ブレン軽機×9、2インチ迫撃砲×3を含む）を中核に、重火器支援グループ（対戦車ライフル×4、ヴィッカーズ重機×2、等）、ビルマ人斥候小隊、および、コマンドー中隊から抽出した爆破班を付属させます。英空軍からは、空地連絡係の将校が1名。コラムの指揮小隊には、軍医1名と衛生班、通信班が属しました。

重火器、無線機、予備弾薬、糧食は騾馬の背で運び、その時の判断により、その騾馬も食用にしました。

歩兵は各人で33kg（SMILE小銃またはステンガンも含めて）を持ち運びます。シェルパ流の背負子が使われました。体重と荷物量の比で言えば、騾馬の負担よりも重かった、と部隊OBは威張っています。携行糧食は各人7日分。一説に、レーションパックは5日分で、その中味は、ビスケット、チーズ、ナッツ、レーズン、ナツメヤシのドライフルーツ、茶、砂糖、ミルク、チョコレートだったそうです。

米英両政府が大戦略をすりあわせ、まずは対ドイツ戦争を優先することになったので、インドからビルマへの反攻計画は立ち消えてしまいます。ウィンゲートはしかし上官のウェーヴェルを説得し、チンディッツの単独威力偵察の許可を貰いました。

こうして1943年2月8日に、「Longcloth」（インド綿の平織り布地）作戦が発起された

ロングクロス作戦中の第５コラムの、空地連絡用無線機を載せた騾馬。フーコン谷の下草の様子がわかる。（写真／ウィキペディア）

のです。

日本軍に見つからないようにするため、夜間、コラムごとに行動するのですが、既設の道は歩けません。コラムは、それぞれジャングル内を、夜間に鉈やククリ刀で苅り払いながら前進しました。1頭の象を使ったこともあったそうです。

このスタイルだと、「プッシュバイク」（押して歩く自転車）の利用は考えられなかったでしょう。

昼間の物料投下（エアドロップ）も、コラムごとに受け取りました。

事前にスケジュールが伝わっていれば、投下用の輸送機には戦闘機の護衛がつけられます。が、急なエアドロップ要請に応えるさいは、輸送機単独で飛ぶしかありませんでした。

幸運にも、「ロングクロス作戦」中には、専属輸送機を1機も喪失せずに済んでいます。

物料投下は、概ね成功でした。３月31日の最終回まで、１７８ソーティで、３０３トンが投下されています。物料には、騾馬のための秣（まぐさ）までも含まれていました。それまで、ジャングルにパラシュートで需品を落とすものじゃないと思われていたのですが、やってみたら、うまくいったのです。

しかし、重い荷物を背負い、密林中を伐開しながら進んだ兵隊たちは極度に疲労し、糧食は、必要と感ずる量の半分しか貰えなかった、と回想されています。とくに、帰路においてコラムがさらに細分化し、重い無線機も捨てたことで、エアドロップ補給は実施し難くなりました。牟田口のインパール作戦の前に、じつはウィンゲートの部下隊員たちが、行き倒れもあり得る飢餓遠征を体験させられていたのです。

「ロングクロス作戦」から生きて戻った将兵は２１８２名を数えたのでしたが、そのうち６００名を除いては、戦傷、飢餓疲労による不可逆的な身体損壊、マラリア、赤痢などによる衰弱のために、再役は不可能と診断されて、廃兵として帰郷除隊させるか、あるいは原隊（普通の在インド師団）に復帰して長期養生してもらう必要がありました。

大規模な攻勢作戦の支作戦であるならばともかく、長距離挺進作戦だけを特殊部隊が単独で実行するとなった場合の、避けることができないジレンマは、傷病兵の処置だということも、ウィンゲート作戦は、教えました。

ウィンゲートは、各コラムは負傷兵をともなってはならず、最寄の村に残置することを、あらかじめ厳命しています。ウィンゲートは、ビルマ北部のカチン族は親英で、いずれ日本軍に対して蜂起させられるとも信じていました。

しかし、じっさいには、村人によって殺された者たちもいるのです。ビルマ人は、連合国の一員である国府軍（蔣介石軍）の将兵を、とくに憎んでいました。

よしんば、村が親英的であったとしても、英国兵の負傷兵を日本軍から隠してくれたわけではありません。ウィンゲートの部下たちは、負傷すれば、捕虜になるさだめだったのです。フィリップ・スティッブ中尉は、そのようにして残置され、日本軍の捕虜となり、戦後まで生き残った1人です。牟田口が率いた日本軍には、言うまでもなく、戦友の傷病者が連合軍の捕虜になるとわかっていて残置する選択はありませんでした。

「ロングクロス作戦」中、重患者のエバキュエーションが1回だけ、行われています。

土地がフラットな疎林の中に、双発輸送機が着陸できるスペースを伐採し、白色の物料傘を束ねて「PLANE LAND HERE NOW」と地面の上に文字を描いて、狼煙を上げました（そのコラムも無線機をすでに捨てていました）。

味方の連絡偵察機が飛んできてこの文字を確認した翌日、戦闘機の掩護の下に1機の輸送機が着陸して、17人の傷病者を脱出させることができました。部隊の残りは、西ではなく北へ歩き続け、ヒマラヤに近い味方の基地まで辿り着いています。

他のコラムは、限られた平地で臨時着陸場の造成などしていたらすぐに日本軍から急襲されてしまうことは必定でしたから、飛行機によるエバキュエーションはまったく諦めています。ここから、公式記録には残されていない、戦場医療の「闇」があったことを、後世の特殊部隊関係者は、理解するはずです。近くに友好的な村が無い場所で、歩けなくなり、残置しても数日の命だと判定された重患者は、衛生兵の拳銃によって安楽死させられ、その死体は、密生した竹藪の中に匿されました。

チンディッツは、ビルマを縦貫する鉄道線路まで到達すると、できるかぎり多くの箇所で破壊しようと試みています。ところが日本軍は、いずれの箇所も1週間以内に線路を復旧させてしまいました。このことから、ウィンゲートと反りが合わない在印英軍主流派の将官たちは、《ロングクロス作戦は、やるだけ無駄だった》と批判しています。チャーチルだけが、チンディッツの政治的宣伝効果を高く評価して、ウィンゲートにもっと働いてもらおうと決めました。

鉄道破壊を達成したと考えたウィンゲートは、各コラムに、さらに東のイラワジ川を越えさせます。

一部のコラムにはこのとき、ゴムボートと浮きベルトが、空中から届けられています。

ところがイラワジ東岸の土地には、小部隊の挺進行動には不利な条件が揃っていました。

部隊が姿を隠しながら空中補給を受け取れる密林が、そこではまばらでした。夜間に行動しても、すぐに日本軍に見つかってしまいます。

飲料水が得られる場所が少なく、騾馬も人も弱りました。

道路網が比較的に発達していて、日本軍は迅速に部隊を集中してきました。

ウィンゲートの挺進隊は、軽迫撃砲以上の重火器を持っていませんから、敵の正規軍から詰め寄られたら、勝負になりません。できることは、逃げ回ることだけです。

ビルマ東部は、ベンガルの飛行場から遠すぎるので、ＣＡＳ要請もまた無意味でした。

３月末にウィンゲートは、退却を決定します。

各コラムは、独自にコースを判断して、インドまで戻ることになりました。

ひとつのコラムだけが、命令により、さらにサルウィン川も越えて雲南へ到達し、さいごは米軍機でインドまで送り届けられています。

撤収の行程では、重装備も騾馬も捨てられて、必然的に、各コラムはもっと小さな集団に分かれました。

チンディッツのうち、速かった集団は１９４３年春に、遅かった集団は同年秋に、インド領まで辿り着いたそうです。

ウィンゲート本人は、４月末にチンドウィン川を夜間、西へ泳ぎ渡ったと見られました。

けっきょくこの第一回の遠征では、８１８人が戦死・病死または捕虜となっています。

チンディッツはこのあともう一回、１９４４年春から、ビルマへ投入されています。連合軍が第２

次大戦中に実施したうちで、二番目に大規模なグライダー補給（航続距離150マイル）が用意されました。しかしウィンゲート少将は、空軍部隊と合議した帰りに、乗機の「B‐25」爆撃機が墜落して殉職してしまい、3個旅団が参加したこの第二回遠征を見届けることはできていません。

ウィンゲートが育てたチンディッツ部隊は、米陸軍のスティルウェル将軍に引き渡されます。スティルウェルは、じぶんが訓練した米式装備の5000人の中国兵が命令を聞いてくれないので、その代わりとして、ミートキイナの西隣のモガウンの攻略にチンディッツの「第111旅団」を投入し、旅団はほとんど壊滅に瀕しました。ついには指揮官による抗命事件まで起きます。ヒット&ランを本分とする特殊作戦部隊を、固定位置で長々と正規軍と交戦させたら、そうなるのは道理だったのです。第二回遠征に生き残ったチンディッツも、第一回と同様に栄養不良で衰弱し切ってしまい、8月末までに輸送機でエバキュエートされています。

潤沢な航空アセットからの補給を期待できたチンディッツ部隊ですら、ビルマ奥地の密林内での戦いは、餓死と隣り合わせだったことが部外者に知られたのは、戦後もだいぶ経ってからです。

インパール作戦の思いつき

昭和17年にビルマ全土を占領した日本軍は、翌18年（1943年）の乾季に英国軍が大反攻したがっているという気配を感じていました。

しかし、じっさいにやってきたのは、大軍ではなくて、コラムに分かれた挺進隊でしたので、日本軍は意表を衝かれます（連合軍の対独作戦が優先された結果であることは既述の通りです）。

ビルマ防衛を任されていた「第15軍」の牟田口司令官は、次にやってくる乾季に於いて、広いビルマを受け身で守ろうとしても、守り切れるものではないので、むしろこちらから押し出して行くべきだと主張し、上級部隊（緬甸方面軍、南方軍、大本営）の説得に成功しました。

以下、防衛研修所が編纂した『戦史叢書 インパール作戦――ビルマの防衛』（昭和43年刊）を主に参考にしつつ、経過を簡略に辿りましょう。

大本営から「南方軍」に対して、インパール作戦を準備しろという指示が出たのは、昭和18年の8月はじめらしいとしかわかっていません。

第15軍の牟田口司令官は、その隷下の「第31歩兵師団」をして、北部フーコン谷からコヒマへ西進させようと考えます。

また「第15歩兵師団」には、コヒマとインパールの中間にある、「ウクルル」「サンジャック」に向かわせようと考えます。

そして「第33歩兵師団」には、いちばん南からインパールまで北上させようと考えました。距離感を説明しておきますと、第33師団は、地図上の直線距離で片道200㎞弱を北上して、作戦中止後は、また同じくらいの距離を戻ってきています。

「200㎞弱」を日本地図にあてはめてみますと、中部地方なら、名古屋市から長野市まで。九州なら、宮崎市から福岡市。北海道なら、釧路市から旭川市までに匹敵するでしょう。

それがビルマの現地ではどのくらいの道のりになったかについては、あとでまた説明しましょう。

「第15軍」の3つの隷下師団のうち、「第31師団」は新編です。在マレーの「歩兵第26旅団」、ガダルカナル島から転用された川口支隊の「歩兵第124連隊」、南支～北支の山砲兵連隊や工兵連隊を、編合した師団でした。昭和18年5月下旬、バンコックで編成完結ののち、建設中の泰緬鉄道の工事路線に沿って徒歩行軍し、9月に北部ビルマに辿り着いています。

伊藤桂一の戦記小説集『遥かな戦場』の中に、インパール作戦のために中国大陸の江南から抽出された部隊の話が含まれています。上海で防暑衣袴（ぼうしょいこ）を大量発注し、また、竹槍のさきに銃剣をつけた武器も作製しました。上海から輸送船でサイゴンへ南下するときには、海防艦1隻だけが護衛についてくれました。そして陸路移動の途中のバンコックでは「牛の足金」を3000個、調達したといいます。

これは重要な情報です。第15軍の幕僚たちは、各地からビルマまで集まってくる部隊に対し、その移動の途中で、きたるべき作戦の補給の役に立つ資材を、いろいろと準備させていたことがわかるからです。

もし幕僚の中に「自転車が役に立つ」と考える者がいたら、金属払底の折柄とはいえども、上海とサイゴンとバンコックで、まとまった数の自転車を集められなかったはずはありません。

第15軍が「途中で自転車を集めて来い」と指示していたなら、第26旅団にもそれはできたでしょう。しかし、そのような指導はありませんでした。牟田口司令部は、象、駄牛、駄馬の収集と訓練のみを命じていました。

牟田口中将は、インパールは攻勢発起から3週間で取れると思っていて、その3週間のあいだ、後方からの追送補給はゼロでいいと決めてしまいます。各師団が、自力で3週間の突進を続ける給養方法を研究しなくてはならなくなりました。

第15軍の薄井誠三郎少佐参謀は、ボスの方針に沿って、野草を食料にすることを研究したといいます。インパールやコヒマに行き着くまでは、携行糧食＋野草＋現地食料で食いつながせる――という楽観主義に、彼は反対しませんでした。

3つの師団が糧食を運搬しようとした方法

第15軍は、作戦期間を1ヵ月と予定し、昭和19年2月11日に、隷下師団に命令を与え、進攻部隊は、2月下旬におおむね所命の展開をおわりました。

攻撃前進は、まず第33師団が3月8日に発起し、ついで第15師団と第31師団が、3月15日夜にチンドウィン川を一斉にわたる手順になっていました。

前述のようにビルマの雨季は5月中旬から始まるはずです。とくに6月以降の雨が酷くなりますので、4月29日までにインパールを占領してしまい、そこで1ヵ月かけて雨季をしのげるような宿営の整備をしようとの皮算用でした。

3月前半から4月の末まで、1ヵ月半あるわけですが、アラカン山地には村落が皆無というわけでもなく、敵地に近づけば近づくほど農産物の現地徴発もしやすくなるだろうと考え、3つの師団は、それぞれ各兵に14日分から25日分の糧食しか携行させないことにしています。

『戦史叢書』は、この判断がどれほど危ういものであるかを、淡々とした筆致で指弾しています（防衛研修所による戦史叢書シリーズの編纂意図は、将来のエリート幕僚たち、すなわち師団参謀以上になる自衛官のための参考書を作ることにあったと想像されます）。

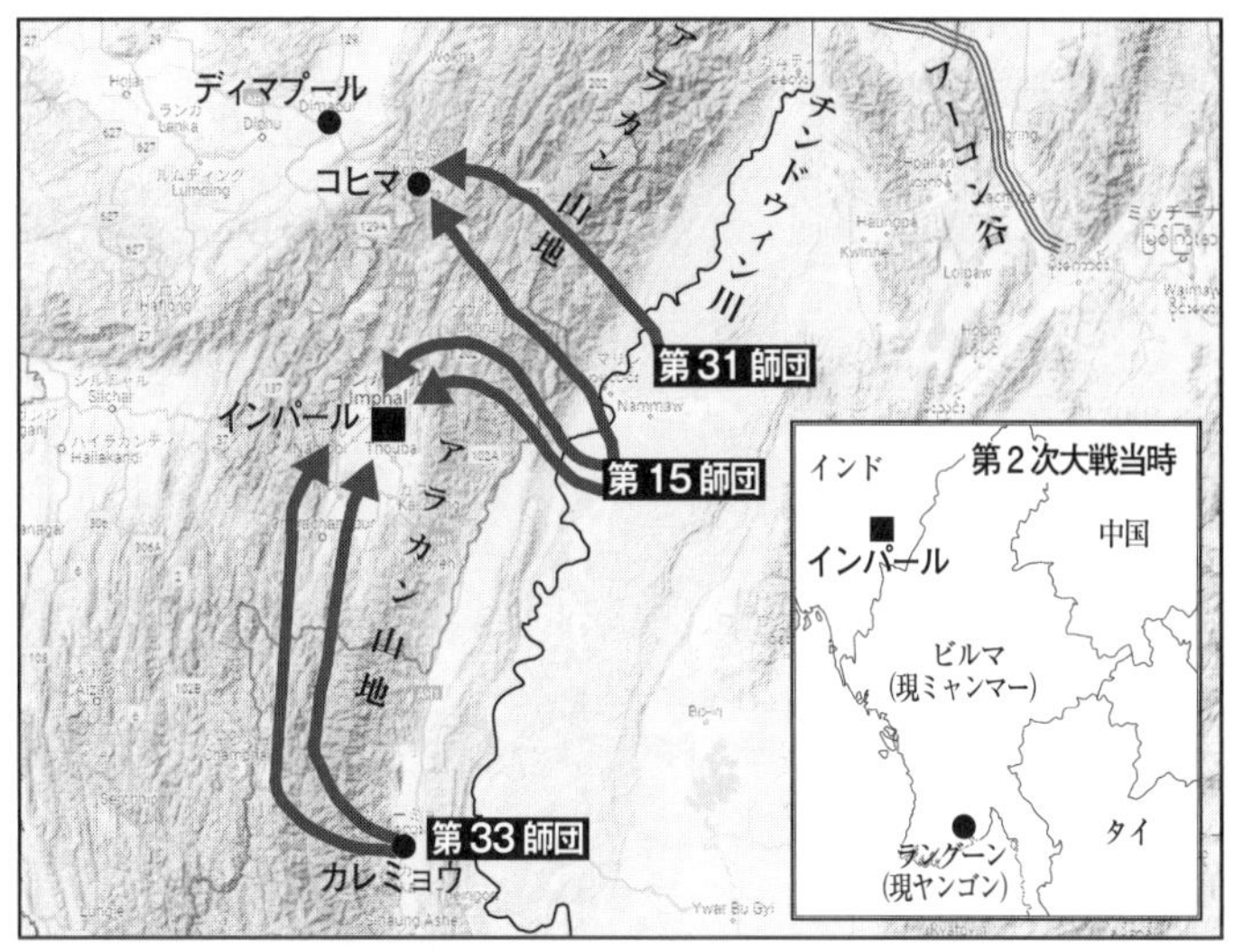

インパール作戦概図（google earth、NIDS戦史史料を基に作図）

いわく……。

高嶺重畳するアラカン山中をいかに急進したとしても、インパール近くまで辿り着くだけでも優に3週間の日子は経過するでしょう。途中では何度も、英軍による妨害や抗戦に遭遇するとも覚悟するべきでしょう。日本兵がインパール平原に姿を見せただけで、英軍が抵抗もしないで崩壊してくれるのなら、こちらから携行する糧食は3週間分で間に合うでしょう。しかし、その楽観的な前提が崩れて、インパール平原で敵が腰を据えて防御した場合は、すぐに雨季が来てしまうと考えなくてはなりません。連日、豪雨が降り続く大密林の山の中で、後方からの補給のやってこない3個師団が、みずから、兵糧攻めに直面するのです。

この、誰でも懸念して当然の、3個師団潰滅という大きなリスクを、第15軍司令官の牟田口廉也中将と、第15軍高級参謀の木下秀明大佐は、考慮の外におきました。

『戦史叢書』は、地図に記された距離から現地の道のりを推計する方法も教えてくれます。だいたい図上のルートを2・5倍すると、じっさいに踏破せねばならぬ実距離になるといいます。

第31師団が分進する、あるコースは、コヒマまで地図上だと160kmあるので、歩兵たちは400kmを歩くことになるでしょう。

第15師団のひとつの部隊は、インパールまで地図上だと120kmあるので、歩兵たちは300kmを歩くことになるでしょう。

第33師団のいちばん左翼から北上する部隊は、地図上だとインパールまで190kmあるので、歩兵たちは470kmを歩くことになるでしょう。

ここから、参謀たちは、たとえば次のように概算できます。

400kmを3週間で踏破したいなら、1日に19km進まなくてはいけない。300kmを3週間で踏破するには、1日に17km進まなくてはいけない。負担重量は、各兵が三十数kg。そして途中で何度も敵との交戦がある……。

要するに、そんな計画は軽忽・杜撰ではあるまいかと、険しい地面の皺のアップダウンについて想像ができる者ならば、すぐに疑念を抱かなくてはおかしいのです。

果たせるかな、リアルの作戦が発起された直後から、大部分の進路において、アラカン山獄中のひとつの峠を越すだけでまる1日がかりという、難行軍になってしまいました。方面軍の参謀も、軍の参謀も、師団の参謀も、日程が遅延した場合に部隊戦力を保つための方途を事前に工夫することを、事実上、放棄しています。

第31師団では、攻勢の準備として、師団所要の4週間分の糧秣を、攻勢発起の直前までにチンドウイン河畔に前送集積しました。

駄獣としては、馬3000頭、牛5000頭、象10頭を集めたそうです。管理と誘導はすべて日本兵が担当しました。

このうち、駄牛がうまくいきませんでした。歩兵大隊は、4個中隊のうち1個中隊を駄牛係にして、700頭をともなわせ、その背中に弾薬と糧秣を積んだのでしたが、その牛たちのための糧秣は用意せず、それが原因で、牛が次々と斃れたのです。死んだ牛の積荷は、その場に放置するしかなくなってしまいました。

同師団中の、歩兵団の司令部は、125頭の牛を帯同したのですけれども、そのうち生きてコヒマまで到着できたのは5頭だったそうです。道草だけで生き延びられる個体と、それができなかった個体があり、前者は稀だったということでしょうか。

牛が途中でダメになりましたので、歩兵の弾薬は、師団トータルで、当初携行量の半分に減ったといいます。

兵糧は各人で3週間分を携行しており、それは失われてはいません。

第15師団は、馬で苦労しました。

もともと輓馬編制の師団――ということは1万5000頭くらいは抱えていたとしてもおかしくない――だったのでしたが、急遽、駄馬編制に変える必要がありました。繋駕ではなく駄載とするために、山砲（75ミリ）や大隊砲（70ミリの歩兵砲もしくは37ミリの対戦車砲）の定数を半減させます。にもかかわらず、さいしょのチンドウィン渡河のさいに、多数の馬が溺死してしまいました。このため川岸には、さらに多くの火砲をやむなく残置して行きました。

第15師団は携行糧秣を25日分、用意しました。そのうち各兵は7日分を持ち、その他は、大行李と駄牛に持たせました。

「行李」というのは、専門の輜重連隊ではない、師団の歩兵の大隊以上がその内部に擁していた輸送部門で、主に小銃弾薬を運搬したのが「小行李」、主に糧食を運搬したのが「大行李」です。

各連隊は牛250頭の背に連隊の2日分のコメを積んで歩かせたうえ、その牛も次々に食用にする予定で、それも含めての、25日分でした。

25日と見た計算の根拠を、第15師団長だった山内正文中将が説明しています。

――作戦発起からインパール付近まで300kmあるだろう。1日に20km進めるだろう。それで15日かかる。途中、4箇所以上で敵は抵抗するだろう。それを排除する戦闘のために停滞する日数は計10

日だろう。15日＋10日だから、25日――というわけでした。

歩兵1個中隊は定数が１８０名で、ふつう、入院患者などを控除しても１２０名は戦闘ができるものです。しかし駄馬編成に改変したので、40名は馬係とせねばならず、各中隊の現員は80名から60名に減じました。

それにあわせて、歩兵中隊を、通常の3個小隊ではなく2個小隊にしました。その1個小隊も、重火器を減らし、軽機×2、擲弾筒×1だけにしたのです。

中隊は、2人1組で25kgを担ぐ係も30組つくり、それで8日半の糧秣を運びました。

駄馬には4日半の糧秣を運ばせました。

小銃を持つ歩兵は、実包１２０発の他、手榴弾5発と、円匙または十字鍬も携行しました。

第33師団では、各部隊は、14日分の糧秣を携行しました。３つの師団のなかでいちばん南側からスタートする第33師団は、例外的に自動車道を使って物資を追送してもらえるだろうと期待ができましたので、携行量を少なめにしたのです。

小火器は、敵の弾薬を使うつもりで、押収自動小銃（ステンガン？ トミーガン？）をなるべく多くし、正規小銃は多くを残置しました。

擲弾筒も威力が不満足なので残し、押収迫撃砲で代用しました。

山砲は半分以上を残置しました。馬が足りなかったためだそうです。第33師団が集めた80頭の象は、ぜんぶ、山砲部隊が使う必要がありました。

駄牛は、第33師団全体で2000頭以上を集めたのですが、現地人に御させようとした輸送隊は、その現地人が逃散したため、まるで無益な首尾となったそうです。

羊は1日に3㎞しか歩いてくれず、落伍も多くて使い物にならなかったため、早々に潰して食べてしまったそうです。

さまざまな困難

第33師団のひとつの部隊は、標高8000フィート以上の峻嶺もある山系に分け入り、駄馬のための道をジャングル内に造りながら、前進しました。

最初にチンドウィン川を渡河する必要のあった第15師団の諸隊は、折畳舟の左右にぴったりとくっつけて駄獣を泳がせる「舷側游泳」によって、動物を渡してやる必要がありました。

アラカン山地内では、一つの山を越すと、必ず深い谷底までおりて水流を渡渉せねばならず、そこから再び屏風のように険阻な山を登るというパターンを、延々と繰り返す必要がありました。図上の水平距離で5㎞しかない移動に、まる1日を要したといいます。

第31師団の、ある歩兵大隊の臨時補給中隊の苦労話も『戦史叢書』に採録されています。

ビルマの牛は、荷鞍をつけたことがないので、そこから馴らす必要があったそうです。いきなり700頭を連れてチンドウィン川を渡そうとしましたが、対岸に達したのは300頭のみで、あとは流されてしまいました。しかも、彼岸まで達し得た300頭のうち100頭は、幅が700m前後もある広い川を泳ぎ渡った疲労のために、もう動けません。けっきょく、動いてくれる200頭の牛に荷物を載せ、逐次前進したそうです。しかるに、進撃3日目から、早くも牛は弱り始めて、落伍が続出します。牛の荷物を分担できるような兵隊は、いません。やむなく、糧秣も弾薬も、牛ごと遺棄したそうです。

昭和24年に石原盛衛が書いた『和牛』という本の中に、参考になるデータが見えます。

黒毛和種（牝成獣420kg、牡成獣650kg）の場合、4歳の牝は605kgも駄載することができるものの、それは短時間の話で、もし2時間の運搬をさせるなら、和牛牝では100kgが限度だというのです。戦前の朝鮮総督府が農事試験場でいろいろと実験をしていたのでした。

もし、牛を半日使役したいなら、体重の15%以下の負荷で低速にしなくてはいけません。また、給餌後、すぐに作業させると反芻できなくなりますので、食後に1時間の休息も必要です。

青森県には、ショートホーン系の大型の牛に木炭を16俵まで駄載して距離10km弱、運送する「牛方」がいたそうです。1俵が5kgとして、240kgでしょうか。

ビルマでは、牛に荷物100kgを載せて半日行軍することも、はじめから無理だったのではないでしょうか。チンディッツが騾馬（ミュール）にこだわっていたのにも、理由があるのでしょう。

2024年のフィリピンで飼われている水牛。（写真／H28FanSite）

水牛は役に立たなかったのか？

何故か『戦史叢書 インパール作戦――ビルマの防衛』には「水牛」に関する証言が出ていません。ビルマ方面の幕僚たちは、牛と水牛を区別していなかったのでしょうか？

水牛は殷代には黄河流域まで分布していたほどで、東南アジアならばどこでも役畜となっています。

上法快男の『軍務局長 武藤章回想録』（1981年刊）を見ると、昭和20年のフィリピンでは水牛1頭に100kgを駄載して1日に1トンを輸送することができたとわかります。時間をかけて仕事をさせれば、このくらいのことはできたという例証です。

御田重宝の『人間の記録 レイテ・ミンダナオ戦・後編』（1977年刊）によると、水牛は悪路でも絶対ころばないのが長所ですが、暑いとき水溜まりを見ると、そこで転げ回ろうとする、とあります。乾季には使い難いところがあったのでしょうか。

水牛の肉はとても硬かったそうです。が、山本七平はフィリピンでの実体験として、殺したらそのまま焚き火に放り込み、外側が炭化するくらいにしておくと、ジャングル内でもしばらく腐らないで長持ちする、と教えています（『山本七平全対話1 日本学入門』1984年刊）。

遅延発生後の、崩壊のタイムライン

アラカン山地を西進してきた第15師団は、4月7日から13日にかけて、骨幹戦力が破砕され、前進できなくなりました。

同じ頃、インパール目指して北上していた第33師団も、英軍陣地を抜けなくなりました。

ビルマ方面軍の河辺司令官（牟田口をずっと贔屓にしてきた上司）が、これはたいへんなことになると慌て出したのが4月17日で、作戦失敗の場合の善後策を方面軍の幕僚に研究させています。

4月29日の天長節に、牟田口中将はインパール攻略をあきらめましたが、作戦中止を言い出すことができません。

5月26日、英軍のスリム中将は、第33師団の潜入攻撃の大胆さと、最後まで戦う勇気につき、激賞しています。場所は、インパール南方10㎞内のビシェンプール戦線でした。

日本軍の第一線では、まだこの時点では、大量の餓死者（=置き去り患者）を発生させていないことがわかります。現地徴発が、最低限、機能していたのです。

5月20日頃、第15師団の将兵はマラリヤにやられて呻吟していました。これは連日の豪雨でずぶ濡れで、体温が奪われたためです。食糧は、籾集めに苦しんでいました。

第31師団は、当初の3週間分の携行糧秣は4月5日頃に食い尽くした計算となるのですが、5月下旬時点でも、現地徴発によって食い延ばしていました。

さすがに、師団による強引な食糧徴発は現地村民の反発を買い、急速に、入手は困難になりつつありました。

ついに5月25日に、師団長の佐藤中将が、軍命令によらない独断での撤退を決意し、じっさいに5月30日から師団は退却に移りました。

ここから、「重患者」たちの《置き去り・見殺し》が、本格的に始まったと考えられます。

おそらく4月時点でも、独歩できなくなった戦傷者・戦病者・衰弱者の残置は散発したことでしょう。が、それはまがりなりにも部隊の攻勢進路上でしたから、動けない戦友を敵手にゆだねることは、意味しません。あくまでも、できるだけ早く、なんとかしてやるつもりで、とりあえず点々と残しただろうと想像できます（資料はありません）。

しかし、攻勢限界点からの引き返し局面になりますと、「残置」は必然的に、患者を敵手・敵性住民に委ねることとイコールになります。

敵軍は、こちらが退却すれば、すぐ追躡してきます。それゆえ、歩ける本隊は、尾撃されないように、ますます離脱を急ごうとするのが人情で、残置者も加速度的に増えたことでしょう。

第31師団の主力がコヒマ戦線を放棄後、その南東70kmに位置するウクルル集落までのあいだに、路傍で行き倒れたり、密林内の目立たないスポットに残置されたまま結果的に餓死を遂げた日本兵が、おびただしく発生しました。

6月の雨季の暗夜の行軍は、1夜でせいぜい8kmから10kmが限度でした。

さらにウクルルからチンドウィン川までは、まだ60km（地図上の最短直線距離）以上あったのです。

馬は、塩が与えられませんと、やっぱり斃れてしまいます。

第31師団の馬が全滅したのは、6月10日だったといいます。馬があれば、将校の病人が手遅れにならないうちに後送してやる方途は講じられたでしょうが、これ以後は、それも難しくなったでしょう（資料はありません）。

第15師団では、経理部が、6月末までコメだけはなんとか徴発でしのげそうだが、月末を過ぎたらもうダメだろう——と認識していました。付近の村落から徴発し尽くしてしまったためです。

6月中旬には、塩欠乏のため死んだ馬の肉を将兵の糧食に回すだけでは追いつかなくなって、まだ死んでいない弱った馬も殺して食用に供します。

第15軍の錯乱した命令によって、第15師団は、その部隊を第31師団の支隊の増援として次々剥ぎ取られ、コヒマとインパールのあいだの街道を英軍の戦車に明け渡し、火砲皆無で、以後はなすすべもなく、7月3日の作戦中止命令を待つだけになってしまいました。

7月3日、《以後はチンドウィン川より西で持久しろ》という「南方軍」からの命令が、ビルマ方面軍の河辺中将に与えられます。河辺と牟田口は、8月30日附の人事命令で、そのポストから解任されました。

第33師団長は、6月2日の日記に、全将兵が痩せるだけ痩せ、顔色はみな蒼白だとしたためています。

しかしこの時点ではまだ、兵隊が路傍に行き倒れる状態ではなかったのです。

後年、「白骨街道」などと呼ばれる車道は、区間の特定がむずかしいのですが、第33師団の退却路に沿った死体がとくに目立ったのではないかと思います。

他師団の退却路には、「街道」と呼ぶほどの道が、そもそも多くはないでしょう。そこでは餓死者は、密林中に遺棄されていると思われます。

その詮索はともかく、なぜ退却が決まってから餓死者は急増することになるのでしょうか？

患者を後ろへ退げられないとき、食糧も前へ行かない

先の大戦中の日本兵の《大量の広義の餓死》とは、所属部隊の転進や敗走のさいに発生する、衰弱者の「置き去り」と不可分の関係にあったことを、本書ではとくに考えてみたいと思うのです。

昭和9年に『日本の水』を著した三島海雲は、人はもし水だけ飲んで餓死しようとすれば64日もかかる、と書いています。現代でも、インドのジャイナ教徒やヒンドゥー教徒は修行として8日間も絶食することがあるそうです。

それらはしかし、雨ざらしにならず、風邪をひかずに、しずかにエネルギーを節約できた場合でしょう。とくに後者については、段階的に断食経験も重ねてきた人たちに違いありません。

常人は、だいたい絶食3日以降は、もう眠ることができなくなるといわれています。脳が危険なエネルギー不足を感知して、一刻も早く食料を摂取するように身体に促すため、眠ることを拒否するのでしょう。グルコースを使い果たして、脂肪の分解が始まるのは4日目以降と言われています。

そして8日を越えてなおも断食が続いたならば、ついには生命維持に必要な体内器官の自己分解までが促進されるに至り、断食中止後も長期にわたって、元の健康状態には戻れなくなるかもしれません。水だけのハンストを決行した人について調べた現代の研究によれば、2週目で立てなくなり、3週目で視神経がダウンし、体重の18%をなくすと永久障害が残るそうです（Radio Free Europe の2021年5月21日記事「Anatomy Of A Hunger Strike」）。

外地で孤立して作戦中の味方部隊に対し、もし連続8日以上、糧食補給を失敗することがあれば、もはや《大量餓死への第一歩》と考えていいでしょう。

人間の担送力も有限です。1人の健全な兵が、1人の傷病兵を背負って、延々と行軍することは、じぶんと傷病兵の装備一切を、別な誰かに分担してもらえたとしても、至難でしょう。この担送力の制約が、人跡稀な密林の中で大部隊を同時一斉的に餓死の危険に陥れる罠ともなるのは、考えればわかることのような気がするのですが、なぜか、旧軍の将官には、これがわからない者がたくさんいました。

現代の職業的な山男である「ボッカ（歩荷）」の人たちは、通例75kg、稀に特別な要望があるときは120kgを、梯子状の「背負子」に載せて、山小屋まで半日未満の行程を歩いて担ぎあげることができるようです。これは、栄養が万全な現代人のなかでも少数精鋭の専業者の特異技能なのだと見るべきでしょう。

連日連夜、24kg、もしくはそれ以上の装具や需品を背負って山野を行軍しなければならない場合もあったと考えられる、昭和前期の歩兵たちは、もし食料が尽きてしまったときには、どうなったでしょうか？

戦記作家の伊藤桂一は、歩兵が水だけで歩けるのは3日だと書いています（光人社NF文庫『遥かな戦場』）。戦前の「討匪行」という軍歌の歌詞に「三日二夜、食も無く」とあるのにも符合しているように思います。

重要なのは、連続3日絶食のあとの身体のケアだったでしょう。

4日目にまるいちにち、宿営もしくは野営しつつ休息を取ることができて、糧食もそこでしっかり支給されたならば、おそらくもともと頑健な兵隊たちは、それからさらに数日をかけて体力と体重（一時的に4kg以上も減じたはず）を取り戻せたのでしょう。それが統計的に承知されていたから、作戦参謀も、連続3日までに限っては、無理をさせることもあったのではないでしょうか？

しかしもし、4日目以降も「草の根」くらいしか口にできるものがなく、そのいっぽうで、行軍や陣地防御戦闘などの、エネルギーが要る活動を断続的に強いられてしまった場合、さしもの若い兵隊たちの健康も急激に、ときに不可逆的に悪化したことでしょう。

個人差はあったでしょう。けれども想像は可能です。もし、3日間の完全欠食のあと、さらに5日間、成人の1日最低必要カロリーの半量以下の給養が続いたなら、その部隊のほとんど全員が、上り坂を歩いて登ったり、ちょっとした荷物を搬送するという「力仕事」に、堪えられなくなったでしょう。

杖にすがってゆっくり動けるならばまだ元気なほうで、多くは、地面に横たわってひたすら体力温存をはかりたい、「生ける屍」のありさまに陥ったでしょう。

それは何を意味したかというと、部隊全員が飢餓環境下にあるあいだに、もし被弾や、重症の熱病で「独歩」ができぬ患者が生じたときには、もはや誰もその患者を、部隊の前方へも後方へも、人力担送では、どうにも運んでやれなくなったのです。

困難は、加重されました。飢餓と疲労によって人の身体が弱まると、マラリヤその他の病気にも抵抗ができなくなってしまうからです。

次々に発生する患者を、病院まで後送しなければ、助けられないのに、その方法がありません。解決不能な「衰弱・金縛り・虚脱」の集団的麻痺が、一斉に起きるありさまを想像してみてください。

「互助」が、同一部隊内で、機能せず、期待し得なくなる……。これは軍隊組織の団結の危機でしょう。

ビルマの「アラカン山地」や「フーコン谷」のような、細道の通路しか前後につながっていない広大な密林内で、糧食補給が連続7日か8日、途絶えてしまう事態がいっぺんでも現実になったら、それを境に、あたかも笹の葉舟が滝壺に落ち入るようにして、全線の友軍は、居ながらに戦力が滅却する、カタストロフィックな部隊減耗の行程に入ったのです。

ジャングル内でひとたび「絶食飢餓」と「運搬力喪失」の負の分解反応を起した部隊は、そのあとから多少の補給が間に合ったところで、元の戦力・体力・気力・団結を取り戻すことはできなかったでしょう。諸部隊は「抜け殻」集団と化したのであり、その後は、夢遊病者が跛行するようなパフォーマンスしか、期待することができなくなったのです。

成人1名を、応急担架——2本の棒と、携帯天幕・雨衣などで臨時にこしらえます——を使って人力で担送し続けるためには、4人の健全兵、プラス、それと交替してやる要員4人の、計8人が最低必要でした。患者の武器・装具も捨てて行けないとなったら、人数をさらに1名、追加しなくてはなりません。

これはガダルカナル島攻防戦の途中でクビ（昭和17年11月9日に旅団長職を解かれ、18年4月に予備役編入）になった川口清健少将（陸大卒のエリートです）が、戦後に回顧している数字です。

『戦史叢書』を見れば、インパール作戦でコヒマの攻略を担任した第31歩兵師団が昭和19年6月に退却に移ったときにも、「重患者」の臂力搬送には健康な兵8名を要したという証言があるのも確認ができましょう。

明治10年の西南戦争のとき、薩軍の負傷兵の手足を棒に縛り付けて、戦友がその棒を担いで運んだことがあったといいますが、この方法は、昭和前期にはもう忘れられていました。

もしもこれがノモンハンのような大草原の戦場であったならば、トラックや荷車で傷病者を後送する手段はいくらでも講じ得たのです。昭和14年のノモンハン事件では、将兵から「餓死者」が出たという報告はありません。それは、補給兵站量が多少貧弱であったとしても、第一線までじかにトラックを到達させる道はあり、そのトラックがまた、歩けなくなった者を第一線から後方まで連れ戻すことができた――という事情を物語るでしょう。

糧食には重さがあります。

旧日本軍は、歩兵1人の1日の野戦兵食の定量を1230グラムとしていました。そのうち精米と精麦の合計は860グラムです。概算のためここでは仮に「1kg」に単純化しましょう。それを20人分、もし前送してやろうとしたなら、1人の歩兵が、個人の武器・弾薬を捨てて、20kgを担いで行く必要があったでしょう。

ただし、半絶食連続8日以上といった、恢復困難になるレベルの飢餓を経過したせいで、いったん内臓器官に深いダメージを刻まれた兵隊が、20kgを背負って、アップダウンのある、あるいはぬかるんだ小径を、30kmも40kmも歩くのは、困難だったはずです。優に、3日以上の行程になったでしょう。その間、担送兵じしんも食べなくてはなりませんから、部隊の先頭位置にまで届けられるのは、十数人分の、たった1日分の糧食でしかないわけです。またもし、おなじ担送兵がまた補給点まで歩いて戻るとすれば、残置できる量はもっと減ったでしょう。さらに現実的には当時、1名の身体の弱った兵隊が担いで行けた重さは、せいぜい12kgといったあたりではなかったでしょうか？

東部ニューギニアや、ガダルカナル島や、インパール作戦中のビルマ戦線では、「絶食◎日以上」とか「半量食××日以上」といった、最低リミット未満の極限的給養を、少なからぬ部隊が舐めさせられました。

いちどでもそのような、平時の修験者だろうと無事では済みそうにない、きょくたんに低い給養水準を強いられてしまいますと、その時を境にして、部隊全体の活動力が、てきめんに、不可逆的に衰えてしまうのは、摂理です。

1週間以上もあとになり、仮に、ややまとまった量の糧食が、後方からトラックや小舟によって、部隊の最後尾の位置まで届けられたとしても、もう手遅れです。重い荷物を背負子に縛り付けて、部隊の先頭の位置まで、密林内の細道を歩いて運搬してやれる者が、そこにはもうただの1人もいないからです。

リミットを越えた飢餓を体験させられた部隊は、遅すぎるタイミングで補給物資にありついても、もはや、病んだ集団のままでした。

歩兵は命令すれば歩いてくれるが、物資は命令を出しても歩いてくれない

戦前の日本社会は、わが国独特の地形と気候の上に発展した「重力灌漑式水稲作」に根差す、弥生時代いらいの歴史がある農村式の秩序観に、概ね貫かれています。

同じ灌漑水系を利用している全戸が、福利厚生の運命共同体となり、用水管理の義務を、たとえ命を削ってでも、きまりごと通りに果たさなければ、所属する集団に対して顔向けはできなくなると感じてしまう、空気の束縛です。

明治以降に都市部で育った住人も、会社や商店や役所や軍隊といった、何かの組織に所属すれば、即日に、その組織内の同調圧が、近代以前の農村の責任観や倫理観に通底していることを承知しました。

明治時代、「日本人は集団になると強い」と海外で一目置かれたのは、このわが国固有の古い農村式の義務感覚、所属機構に対する忠誠の様式が、近代組織の成員たる個々人にまで、親世代の余風として、おのずから保たれていたからだと考えられます。

昭和前期の作戦参謀にとっては、本州の農村の出身兵が多い歩兵部隊ぐらい動かし易い「駒」もな

かったでしょう。《○月○日までに××地点まで前進》といった一片の命令を与えただけでも、日本の歩兵部隊は、それがいかほど無理難題であっても、文句を言わずにその任務を果たそうとしてくれました。

ところが、輸送船から艀への、短時間での重量物の移し替えですとか、荷車の通行も不可能な細い道路しかない密林内の長距離兵站となりますと、「物理の法則」が相手になりますので、物理的にそもそも不可能なことならば、いくら偉い将官が大声を出そうが、可能になってはくれません。

それで何が起きたかといえば、計画された弾薬などの軍需品や兵糧の海送・陸揚げ・陸路推進は、失敗・中止・停滞・予定変更の連続であるのに、それを前提として命令を受けている歩兵部隊のほうは、たとい輸送船が撃沈されて海へ投げ出されようが、かろうじて個人装具だけ抱えた姿で浜にあげられようが、ひたすら、当初に命じられている通りに、指定の陸路を歩いてジャングル内を前進することになったのです。

これが、あちこちの戦線に、飢餓部隊を出現させる、お膳立てとなってしまいました。給養を必要とする人員が、ジャングルのなかにますます増える一方で、補給がいつまでもゼロ水準のままだったら、給養破綻は避けようがありません。

遺棄を防ぐ道具の要件《1人の健全兵で、1人の重患者と、装備・糧食2人分も運べること》

既述のように、第31師団は馬3000+牛5000など、第33師団は牛2000など、第15師団は牛すくなくも750頭の他、馬の数値が『戦史叢書』からわかりませんが、おそらく3個師団のトータルで駄獣を2万頭は用意してインパール作戦に臨んだのではないでしょうか。

この2万頭を、「自転車2万台」とか「自転車1万台」で代用することは、できたでしょうか?

簡単に試算してみましょう。

インパール作戦に投入された3個師団が、作戦開始日より半年前からの科学的な思考のおかげで、ゴムチューブのない「プッシュ・バイク」、あるいは木製スクーターを、1個師団につき数千台ずつ、用意できたとします。

あとの章でおわかりいただけますが、とうじ、中国大陸にもインドシナ半島にも、数万台の自転車が存在したことは確実です。この準備は、数千頭の牛を現地徴発し飼養し御者をつけて馴致するよりも、手間がかからずに実現した可能性があります。

参考までに、昭和14年頃の物価比較で、農家が馬に曳かせる荷車が120円、耕馬は100円で買えたという証言があります（松野博『満洲国開拓と北海道農業』昭和16年刊）。この「耕馬」というのは、乗用馬などよりずっと重い種類で、砲兵隊用の輓馬に近い。ともあれ馬1頭のコストで自転車数台を入手できたとして少しもおかしくはありません。

自転車には、水や餌をやる必要もありません。従来、馬の世話を朝晩に義務づけられた下級の兵隊たちが、疲労衰弱を免れることができ、マラリアも発症しにくくなるでしょう。

プッシュバイクにする自転車には、ゴムチューブがないので、空気を入れる必要も、パンク修理の必要もありません。とうぜん、チェーンが切れていても問題ありません。

第5章で見ますように、ベトナム戦争中のベトコンは1ヵ月分の兵糧としてコメ20kgを配給されていました。「第15軍」がビルマで掻き集められたであろうプッシュバイクには、80kgの荷物は余裕で積めたでしょう。当時の歩兵の行軍軍装の負担重量が、フル装備と所帯道具で13kgくらいと仮定しますと、1台のプッシュバイクに、歩兵2人分のフル装備と40kgのコメ（1人で消費するなら2ヵ月分、2人で消費するなら1ヵ月分）を載せて運べたはずです。

史実のインパール作戦は、10万人が進軍して、即死あるいは置き去りにされて死亡した傷病兵・衰弱落伍兵が3万人を数えました。

しかし1万数千台のプッシュバイクまたは手押しスクーターを牛馬の代わりに用意できたとしますと、それなしでは置き去りにされるしかなかった「重患者」×2万人以上を、他の健全な兵隊たちが空のプッシュバイクに載せて後送してやることに、困難はなかったでしょう。いや、そもそも「衰弱者」の発生も、最初からなかったでしょう。

既述のように、重患者を後送するのに9人（担架の担ぎ手×4人×2組＋装具を持つ者1人）を割くしかない平時的なシステムでは、ジャングル内行軍中に、負傷兵・病人・衰弱落伍者がちょっと出始めると、その9倍のペースで部隊兵力が急減して行くことにならざるを得ません。もちろん、その担架を担がされた者たちも、疲労加重を強いられる。そのせいでマラリヤに罹ってしまう者や、ついに体力消尽して動けなくなる「新患者」が、幾何級数的に増えてしまいます。あたかも核爆発のチェイン・リアクションのようなものです。事前にそんな救護体制しか用意ができないのなら、ジャングル遠征に臨もうとすることがそもそも自殺行為だったのです。

仮に10万人の遠征部隊の中から1万人の重傷兵・重病人・独歩不能衰弱者が一度に発生したら、もはやその全員を後送してやるために、部隊の残り全員を使わねば間に合わぬ計算でしょう。じっさいの史実のように2万人以上の独歩不能者が発生したとき、一線部隊の生き残りの者たちは、それを救ってやりたくとも、残置・見殺しにする以外になかったのです。

患者を縛り付けられる棚や籠を備えた「プッシュバイク／手押しスクーター」があれば、このような《自滅の連鎖反応》は拡大しません。10万人の部隊の半数以上が独歩不能に陥るという、統計学的にほとんどありえない事態が発生しない限り、全員を助けられるのです。

数kmごとに「積荷」をバトンタッチしていく「逓送（ていそう）」方式とするなら、1台のプッシュバイクが担任区間を何度も往復して、全体で大勢の重患者を後送することが可能です。その復路（戻り道）では、ついでにあらたな補給物資を前送することもできるので、時間を均すと、第一線の戦闘員数は、敵の砲弾片が当たったなどの、予防のしようがない重傷者の人数分しか、低減しないで済むでしょう。

その体制があれば、第一線部隊は、独歩できない重患者ための糧食を確保する責務からも解放され、戦闘行動だけに集中し得たでしょう。誰も腹は減らず、疲労せず、弾薬も史実よりも多数が推進補給されてくるのです。

乏しい弾薬と、徴発給養だけでも、インパールを占領する目前まで行った第15軍です。プッシュバイクを兵站輸送に活用できた場合には、当初の作戦目標を、達成してしまえたのではないでしょうか。

マラリヤや赤痢などの重患者は、後方で治療を受けて健康を取り戻せば、すくなくとも陣地工事や陣地守備の戦力の足しになります。

第一線部隊が、最終的に連合軍に押し返されて、また攻勢発起点まで退却しなくてはならなくなったとしても、1人の健常兵が1人の重患者をプッシュバイク／スクーターに載せて後退できるのですから、残置者は発生させません。

しかも、後退するジャングル道の途中々々には、先に後送させられた元患者が土工して待っている収容陣地が準備されています。戦力は、後退するにしたがって再充実し、英軍の尾撃を容易にゆるさないでしょう。

プッシュバイクで、師団の馬や自動車を完全に代置できたか？

出典がわからなくなってしまっていて恐縮ですが、日本陸軍は、日清戦争では、人員を24万人＋馬を5万8000頭、出征させたといいます。人100に対して馬24という割合でした。

これが日露戦争になりますと、人員100万9000人＋馬17万2000頭だといいます。人100に対して馬17の割合。日清戦争よりも馬密度が下がっているのは、質を重視した結果、やむなく……ということでしょうか。

農学者の我妻東策は、日露戦争当時は陸軍の常備の馬は6万頭であり、それに徴発馬9万頭を加えて出征し、最終的に4万5000頭が斃死または逸走したと見積もっています（『日清・日露戦時の農業政策』昭和13年刊）。

ちなみに日露戦争にロシア軍は、兵員129万人＋馬を29万9000頭、用意していたそうです。

人100に対して馬23です。この比率が日清戦争時の日本軍と近似しているのは、何か編制の定数に関して依拠すべき綱領のようなものが19世紀に共通に遵奉されていたのかもしれないと思わせます。

牽引トラクターや自動車が列強の軍隊に導入される以前、野砲や重砲は、多数の馬で輓曳しないと野外で位置を変えることができませんでした。野砲は1門を6馬から8馬で曳き、野戦重砲は、大砲のパーツをいくつかにバラして、そのひとつひとつを台車に載せて、8馬くらいで曳いたのです。

この「重輓馬」の仕事を多数の自転車によって肩代わりさせようとしても、トラクション（タイヤが地面を蹴る力）が伝わらず、どうにもなりますまい。あるいは、手回しウインチと、その場でふんばるための軽易なスペード（駐鋤）を数十台の「手押しスクーター」にとりつけて、尺取虫のように牽引スクーター隊が少し先行しては、ウインチで砲車を巻き寄せるという方法が考えられるかもしれませんが、その遅すぎる移動速度は、味方の野戦司令官をとうてい満足させないでしょう。

他方、山砲や重機関銃ならば、そのパーツを駄載した馬の代わりは、自転車によって十全に務まったはずです。

山砲用の弾薬は、馬1頭が12発を運搬しましたが、1発7kg弱だった「41式山砲」の75ミリ弾薬を、「プッシュバイク」に積んで運行するのが、すこしも非現実的でないことは、読者の誰しも、想像できましょう。

口径7・7ミリの「92式重機関銃」は、パーツを馬5頭に分載し、予備馬1頭を付けて運ぶことに

1944年のクェゼリンで米陸軍第７師団が撮影した41式山砲。弾薬箱は２発入りだったとわかる。１箱でも15kgだ。（写真／US Army）

なっていました。弾薬箱は、１頭が５００発入りの箱４個を駄載しました。すべて、１頭の負担が１００kg未満におさまるように、計算されています。１９５４年のベトミンが１台の「プッシュバイク」に弾薬２００kgを載せ得たこと、および、現代のコンゴ民主共和国の青年たちが、全木製の手づくりスクーターに穀物袋を４５０kgも山積みして、人力で押して運んでいる姿を思えば、１００kg弱の負荷は、朝飯前ではないでしょうか。

ちょうど、２０２４年時点で最新の国産１２５cc.バイクの軽量なモデルが、自重１３０kgだそうです。その小型自動二輪車を押して歩くのだと思えば、想像がしやすいかもしれません。

史実のインパール作戦では、駄載運搬力として期待した牛や馬の大量死が、各師団の目論見をいきなり裏切っています。殊に第31師団と第15師団のチンドウィン川の渡河は、惨憺たる結果になってしまいました。この点、無生物であるプッシュバイク／手押しスクーターには、河川障碍の通過が粛々と可能だったでしょう。

東部ニューギニア作戦に動員された台湾高砂族の兵補の知恵が『戦史叢書』に紹介されています。——現地の白い木は比重が軽いので、その2寸径×6尺長×5本で筏を組み、そこには衣類と兵器だけを載せる。川筋が、此岸側に屈曲しているところから、この筏を、なるだけ河流のまんなかまで押し出す。その筏につかまっていれば、自然に彼岸へ着く——というのです。チンドウィン川のスケールには適用できないかもしれませんが、筏に縛り付けておけば、自転車も物資も水没しないと考えられましょう。

秣も燃料も、「世話係」も獣医も不要だった自転車／スクーター

戦前の日本陸軍の戦車砲（57ミリ）と山砲（75ミリ）は、威力は似たようなものでした。山砲1門を運用するには、15頭の馬と50人の将兵が必要とされたものでした。そのすべての馬に、秣も必要です。その秣を運ぶための荷車も用意しなければなりませんでした。それで、ランニングコストは戦車1両と等しいという、ちょっと無理やりな試算もされています。そこにあるていど納得をして、戦前

の日本陸軍は、戦車にこだわっていたのです。

昭和11年に刊行されている白井恒三郎の『馬利用有畜農業論』によれば、当時の北海道で既に、輓曳馬は自動車に「維持費」で負けていました。馬格改良された西洋種は干草だけでは力を出してくれず、豆や麦などの濃厚飼料を買い与える必要があったのです。

ちなみにいわゆる「道産子」は、鎌倉時代に南部馬が持ち込まれたものが自然に淘汰されて適応進化し、冬は笹だけで越冬でき、駄載は100kgも楽にできたといいますから、戦前の日本陸軍の山砲兵用には、在来馬を増殖させた方が、よほど具合がよかったのかもしれません。すべて、あとのまつりですが……。

自動車用のガソリン／軽油が当時安かったのだとすれば、それは、日米関係が順調だったからです。もし国際環境が一変すれば、安いガソリンはどこからも手には入れられず、再び、自動車より輓曳馬の方が安い、というコストの逆転が起きる可能性も、常にありました。

こうしてみますと、馬は自転車よりもむしろ自動車に近いのです。維持のためのコストが、国家・国軍にとっての、重い負担なのです。

大正14年の「宇垣軍縮」が、自動車隊も縮小させているのはそのためでしょう。

1941年に欧州方面で「独ソ戦」が始まったとき、日本の陸軍省は、満洲から対ソ戦は始められないと計算しています。理由は、トラックや飛行機を動かすための石油燃料が、まるで足らないから

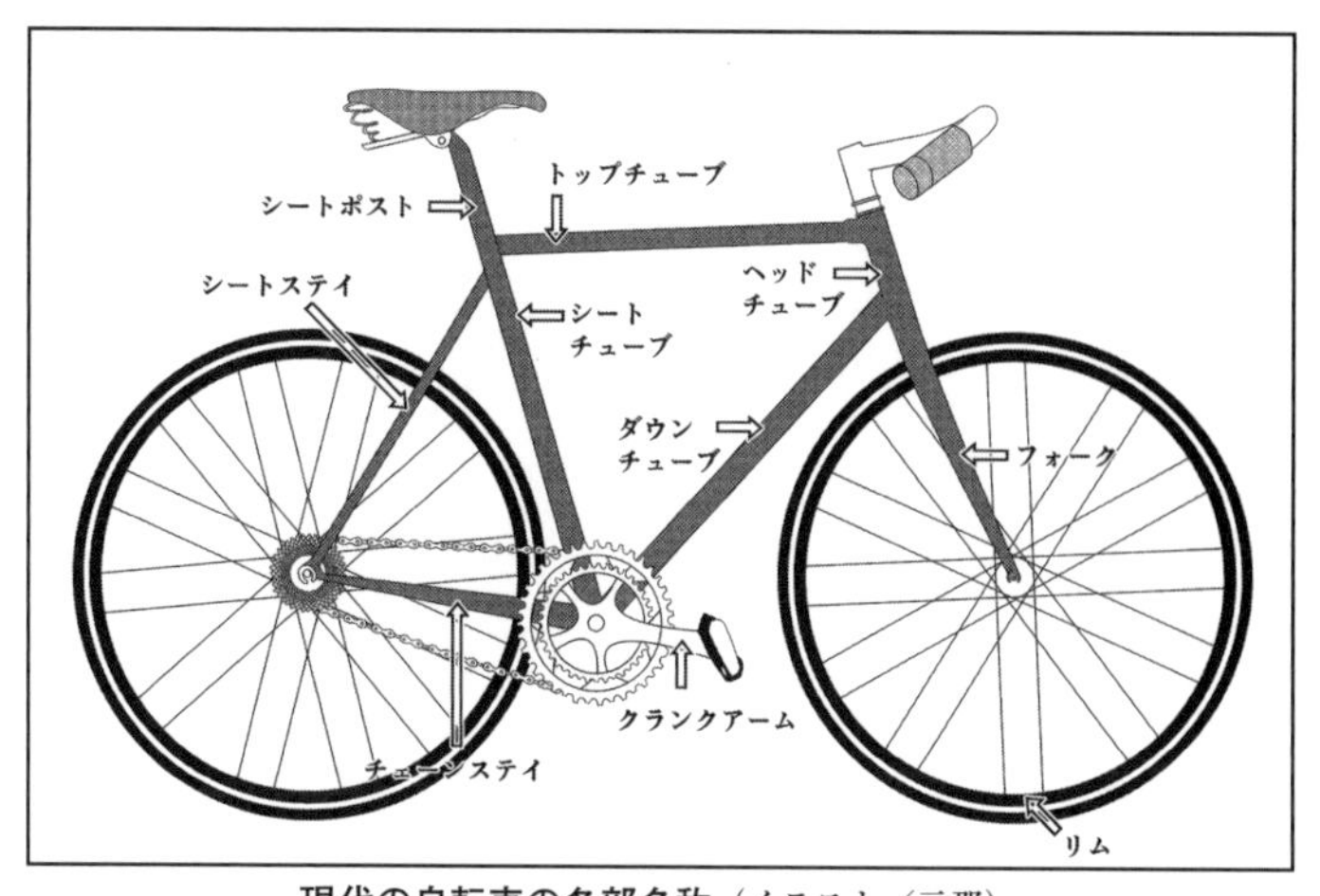

現代の自転車の各部名称（イラスト／云那）

でした。陸軍もまた、対ソ防衛の責任があったのに、燃料の備蓄は本気でしていなかったことがわかります。というより、それだけの備蓄をマネージするには、当時のソ連か米国に匹敵するほどの「石油資源大国」でなければ、土台、無理な話であったのでしょう。

日露戦争後に急速に世界の文明圏を変貌させた「モータリゼーション」は、自国領内の油田と精油所のみで、国軍と国内経済が必要とする燃料や石油原料を賄えない地位にある「持たざる諸国」にとっては、ひとつの罠でした。

それは19世紀の蒸気機関や鉄道網の発達の延長ではなかったのです。それをうっかりと「善なる近代化・現代化」である——と信じてしまい、国策として無批判に推進した結果は、ドイツや日本のような「持たざる諸国」の国防基盤を、むしろ、不安定化させてしまったのです。

例外的に、この罠を構成しない「近代化・現代化」の陸戦兵器があったとしたら、そのひとつは、「自転車」だったと思います。

コンゴ人の大発明——材木と山刀だけで自作できる陸上運搬機「チュクードゥー」

チュクードゥー（Chukudu）は、コンゴ民主共和国の東辺、ルワンダとの国境にあたる「北部キヴ」州において、1970年代に発明されたといわれている、全木製、全長2mほどの、タンデム2輪の手押し荷車です。おそらく語源は「スクーター」でしょう。

かれこれ50年も、現地のハンドメイド職人たちとユーザー（多くの難民を含む住民）によって改良・洗練が重ねられたと見られ、今日では、驚異的なまでに省資源的で省力的、コスパ最強な荷物運搬マシーンに完整しています。そのキャパシティは、優に軽トラックに匹敵するのです。

旧宗主国のベルギーをはじめ、ヨーロッパ諸国や国連の世話焼きにもかかわらず、コンゴ民主共和国内には鉄道網が整備されたことがなく、モータリゼーションのテンポも遅いままです（オートバイがやや普及している段階）。

全木製スクーターの「吊りゴム・サスペンション」に注目。メインビーム（主梁）上、片膝を置く所にゴムマットを貼り付けてある。後輪の前には別なゴム片が立ててあって、それを足裏で圧することでブレーキとなる。（写真／wikimedia commnos, Lahminewski Lab）

数百ある部族は、けっしてひとつにはまとまりません。ほぼ全員キリスト教徒ですので、ジハーディストが跋扈しないことが救いとはいえ、万年、小セクトと政府軍は法律無視の抗争を続け、常時、国内に数百万人、隣国にも数十万人の難民がひしめいているのです。

そのいっぽうでは、多雨な熱帯性の大山林が拡がっているおかげで、燃料にしたり家具をこしらえるための樹木・廃材木には、いささかも不足はありません。そんな偶然の環境が助長した奇跡の工芸品が「チュクードゥー」なのかもしれぬと思います。

この木製スクーターを構成する主材は、長さ２ｍくらいのユーカリの角材で、時には「ムンバ」という硬い樹木が使われることもあります。欧語圏のユーチューバーが、動画に付けている解説ですと、この縦通梁を「ｄｅｃｋ」（デッキ）と呼んでいます。

チュクードゥーは非舗装道でも活用されている。真横からでは判然としない「逆L字形の支柱」がよくわかる。前輪にはブレーキは無い。(写真/wikimedia commnos, MONUSCO)

　このメイン・ビーム(主梁材)は、後端に入り江状の切り込みがあって、そこに下側から後輪が収まるようになっています。

　またメイン・ビームの前端の近くでは、前輪フォークを縦に貫通させる穴が開いています。デッキは、前から後ろにかけて、マイナス10度の傾斜があります。

　フロントフォークも、ふつうの自転車のヘッドチューブのようにやや後傾しており、地面となすその角度は60度です。

　そのフロントフォークの後傾角を維持し、またフロントフォーク軸を左右にぐらつかせないように、メイン・ビーム上には、1本材を逆L字状に成形した丈夫な「支えの柱」が、ホゾ穴の上に立てられ、フロントフォークがその逆Lの短辺の穴を貫通しています。その逆L支柱は、さらに数枚の板材によって側面からも補強され、「櫓」のような構造を見せています。これが自転車のヘッドチューブの役目を果たすのでしょう。その板材の下端は、主材ビームの側面に釘で打ち付けられているようです。

メイン・ビームは、フロントフォーク上部から、廃タイヤを割いたゴムの束によって吊るされている状態です。そうすることで、操向抵抗を軽減するサスペンション機能を発揮しているのかもしれません。重量物をデッキに載せたときには、このゴム束は伸び切ってしまうでしょうが、その場合でもフロントフォークの下部が、その中部以上よりも太くなっていますために、沈み込みはそこでストップします。

フロントフォークが摺動/回転して他の部材と擦れる箇所には、天然由来らしい黄色い潤滑ゲルが塗布されているようです。

フロントフォークの上端には、アフリカの「Ｗａｔｕｓｉ」という牛の角のように左右斜め上へ張り出すハンドルバーが、嵌め込まれています。先端に行くほどテーパーがかかり細くなる形で、このハンドルもやはり1本の材木から、山刀で削り出したもの。

これらをすべて製作してしまう職人たちは、工具としてはただひとつの山刀だけを用いています。

車輪は、できあいの板材を、山刀で円く切り出して作るのです。紐と折れ釘が、けがきコンパスの代わりです。直径は、前後輪ともに50センチくらいに見えます。ソリッドタイヤの外周には、オート

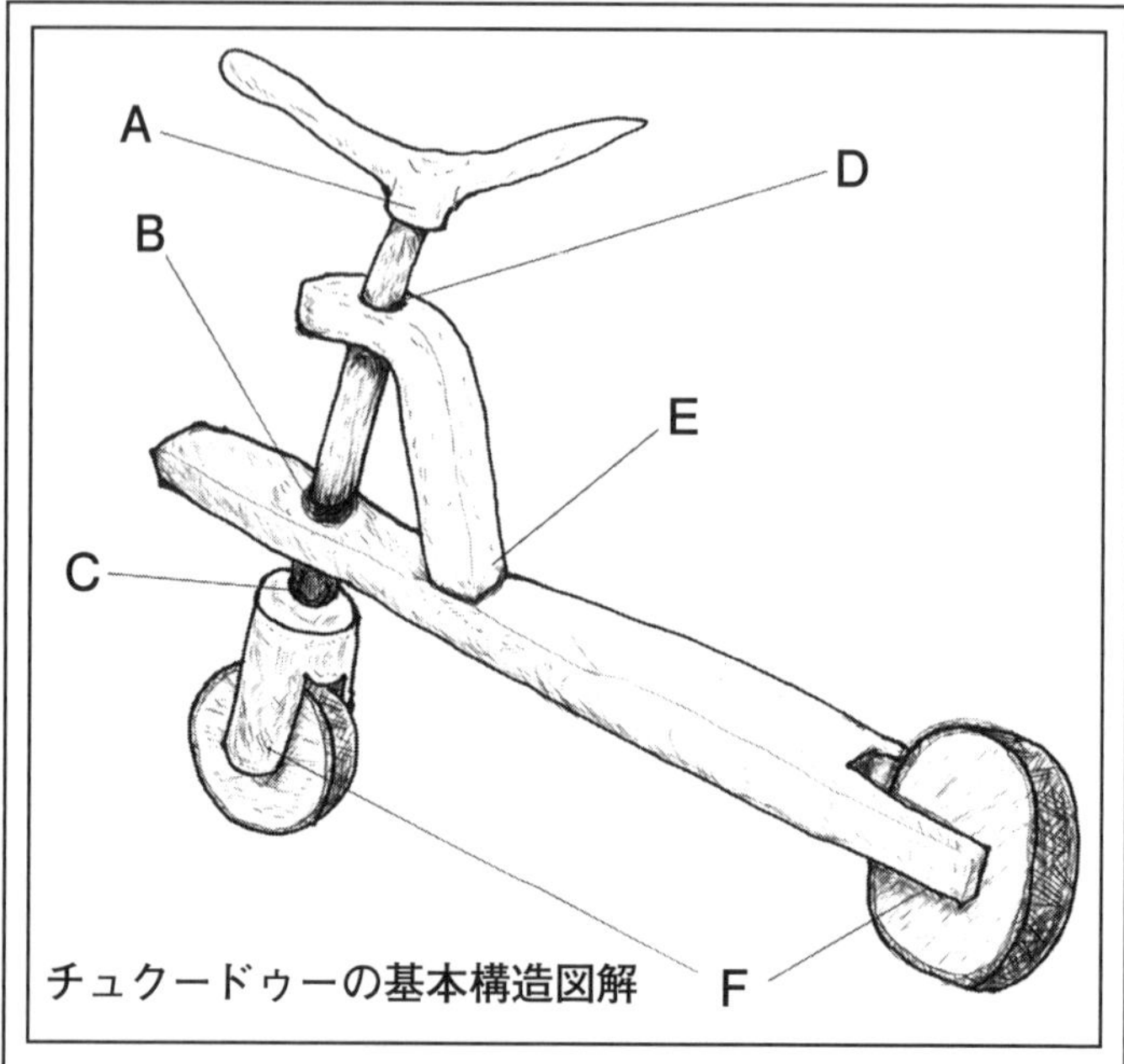

Chukudu の骨格だけをわかりやすく図示した。

A：ハンドルバーは一本木からの削り出しで、それを操向軸棒にハメ殺している。

B：操向軸棒と主ビームの間はスカスカになっている。図では略したが、操向軸棒に上端を釘付けされた帯状ゴム束が、主ビーム材を抱えるように、傾斜角10度に吊っている。それがサスペンションである。

C：操向軸棒は、ごついフロントフォーク・ブロックにハメ殺しになっている。このフロントフォーク材の太さのおかげで、主ビーム材の前端は水平以下に下がらない。

D：一本木を枉（ま）げた頑丈な支柱は、その上部に操向軸棒を通す穴を傾斜角60度に穿っている。その隙間は狭く、グリス代わりに植物由来の潤滑液が注入されている。

E：支柱の下端は尖らせてあって、主ビーム材の「ホゾ穴」にきつく嵌合させてある。図では略しているが、この支柱を補強するために数枚の板材を側面から打ち付けて「櫓」構造を形作る。

F：前輪にも後輪にも２個ずつのローラーベアリングが出ベソに打ち込まれている。それがそれぞれ、フロントフォーク下面と主ビーム材後端下面のリセスに、下から嵌まる。さらに絆創膏のようにその下からゴム片で脱落押さえのパッチを当てられる。後輪のブレーキは図では略した。

（イラスト／兵頭二十八）

バイの廃タイヤから切り取ったゴム帯を巻きつけ、釘で貼り付けます。

車輪の中芯には、別に細工した円筒状の臍ピースを、楔を使ってガッチリと打ち込みます。この木製の円筒軸は車輪の回転面よりも外側へ突出する長さです。両面に突出したその2先端に、二重リングのローラーベアリング（さすがにこれだけは金属製の工業製品）を嵌めると、車輪は完成です。

この車輪は主材ビーム後端部、ならびに、フロントフォーク下端の窪みに、下からあてがわれて、そのあとで、その車輪が重力で脱落してしまわぬように、ベアリングのところに、廃タイヤを割いたゴム小片を下からあてがうように押し当てて、釘によって、主材下面／フロントフォーク下端に貼り付けておきます。

この車輪がもし壊れた場合、取り外して交換するのには、数秒しかかからないでしょう。

デッキ上には、柴木のようなものを縛り付けてうず高く積み上げるのに役立つ「支柱」を立てるための穴が1個と、使用者が右膝を乗せるためのゴムパッド（廃タイヤ片）が見えます。

使用者は、そこに右膝を乗せた姿勢で左足で地面をキックすれば、主材は10度に傾斜していますから、力強く前へ押し出すことができます。

下り坂では、使用者は、キックスクーターのようにデッキ上に両足で立ち乗りすることもできます。右足の裏で、デッキ端末近くに取り付けられたゴムパッドを後方へ圧すれば、ゴム裏の木片が後輪の外周を圧して摩擦抵抗を生じ、ブレーキがかかります。

２００８年において、チュクードゥーは１台の材料費が60ドル弱。それが完成品として１００ドルで売られていました（２０１４年だと１５０ドル）。

難民がそれを使って国連などから運送の仕事を請け負えば、１日に10ドル稼げます（２０１４年の水準）。生活費は、１日２ドル以下だということです。

積載量は、最も多いタイプで、４５０kg。最もヘビーデューティなタイプだと８００kg以上も可能だといいます。

大荷物を搭載・卸下する作業中は、助手の人にチュクードゥーを支えていてもらうか、細長いつっかい棒でフロントフォークの高い位置を支えておくことで、横倒しになるのをふせぎます。もし、急な上り坂を押して行かねばならないときには、フロントフォークの前まで延長した主梁の上に荷物を載せ変えるのではないかと思われます。ママチャリの前カゴに荷物を積み上げる感じにもできるのです。

子どもの通学用の、軽量で簡易なチュクードゥーもあります。これがあれば、舗装道路皆無の地域においても、子どもの通学可能圏が相当に広がるようです（通学バス・サービスはありません）。

わたしたちは、アフリカやベトナムから学ぶことなど何もないように思いこんでいますが、それは大きな心得違いであることを、知っていただけたなら、さいわいです。

左にご紹介する８本の「Chukudu」関連動画は、いずれも筆者兵頭とは縁なき人たちによるアップロードで、その動画の意図につき兵頭がとくに承知するところはございません。ただ、全木製スクーターの機能と構造を理解する参考に、これらの動画が役立ちました。

African Made SCOOTER-The Chukudu
Afrikleo
https://www.youtube.com/watch?v=IfGIyAN9vqU

コンゴの最も安いスクーターに乗ってください
TEKNIQ
https://www.youtube.com/watch?v=FMt0sslSlVk

Chukudu: Kendaraan Khas Kongo Yang Lahir dari Ide Masyarakat Miskin
KabarPedia
https://www.youtube.com/watch?v=le0Hw8OuR3M

MEET THE CHUKUDU : Racing Wooden Scooters in Africa
Afrimax English
https://www.youtube.com/watch?v=l2DA9eyNKWQ

Chukudu: Kendaraan Ramah Lingkungan Yang Terlahir Dari Masyarakat Miskin Di Negara Kongo
DS Channel
https://www.youtube.com/watch?v=iVv37SG6Vbg

Meet the Chukudu: Congo's home-made scooter-Africa on the move
DW News
https://www.youtube.com/watch?v=M4E8K1mh7js

Chukudu: Die rasenden Roller im Kongo-Weltspiegel
Weltspiegel
https://www.youtube.com/watch?v=XTy2aifnvRQ

Massimo
@Rainmaker1973
https://twitter.com/Rainmaker1973/status/1728477272431079520

第2章 日露戦争は「自転車にとってのタイミング」が悪かった

そもそも自転車はいつ「兵器化」されたのか？

第2次ボーア戦争（1899～1902年）で、イギリス軍と現地ボーア軍の双方が大々的に「安全型自転車」（今日の自転車デザインとほぼ相似のもの）を多用しましたので、各国の陸軍は、目をみはります。

しかし、日露戦争（1904～05年）では、何故か自転車はそれほど活用されてはいません。

その理由を考えるために、いったん歴史を遡りたいと思います。

車輪があらわれたのは今から8500年以上も前でしたが、シュメール人が動物に引かせる荷車を作るまでには、それからすくなくも3000年は必要だったようです。

なにも古代に限った話ではありません。近・現代でも、どこかで誰かが発明した便利なものが、即座に世界中へ広まらないことは、ままあります。

地域ごと、集団ごとに、ある発明を受け入れられる条件があります。もしそれが整っていないなら、整うまで、待つしかありません。

ただ、軍隊が少数の《広義の自転車》を使うことは、第2次ボーア戦争よりずっと前から、すでにありました。

以下しばらく、トム・アンブローズ著、甲斐理恵子訳『50の名車とアイテムで知る 図説 自転車の歴史』や、Wesley Cheney記者による2013年8月8日のネット記事「A Brief, Illustrated History of the Bicycle at War, Part 1: Boers on Bikes」等に依拠して、まず大昔の自転車事情につき、ご紹介します。

「始祖鳥」としてのドライジーネ

大地主の公爵から雇われて森番を勤めていた、ドイツの男爵カール・クリスディアン・ルドヴィッヒ・ドライス・フォン・ザウエルブローン（1775〜1851年）は、1816年にオーツ麦が不作

ドライジーネは全木製で、成人の体重を支えることができた。(イラスト/云那)

であったために、見回り用の馬を餓死させてしまったことがきっかけで、足でキックして走るタンデム2輪車の工夫を思いついたようです。

1817年、その試作品「ラウフマシーネ」(走るマシーン)ができあがるや、ドライスは6月12日にそれを公道へ持ち出し、マンハイムからライナウ(今のマンハイム郊外)まで、およそ8マイルを走破してみせました。

これはとうぜんに評判となって、今日、記録によって確かめることのできる、近代の「自転車」の濫觴(らんしょう)となりました。

全木製で、車重は23kgほどだったという資料があります。そうだとすれば、その軽さからして、手押しの小型荷車用の車輪を流用したのかと想像されます。

乗り手は、木馬のようにサドルシートにまたがり、歩くが如きペースにて、交互に左右の脚で地面を蹴りました。前進力を車体に伝えやすくするため、サドルのすぐ前には、乗り手の腹部を押し当てられる部材が、しつらえられていました。

操向用のハンドルは、今日の自転車のように左右に張り出したバーではなくて、車体軸＝メイン・ビームに沿って乗り手の手元まで伸びている、1本の「舵棒」（コントロール・ロッド）です。

もちろん、まだ、ペダルもチェーンもついてはいない、スクーターでした。

前輪を随意に左右へ操向できるタンデム2輪車は、横倒しになることなく平地や下り坂をどこまでも走り、途中で針路を変更するのも自在なのだと、目撃した者はすぐに理解し、且つ、一驚したのです。

フランスの小金持ちはこれを「ドライジーネ」、イギリスの小金持ちはこれを「ホビー・ホース」と愛称して、ただちに模作と改良を開始しました。

早くも1818年には北米に模倣品が出現しました。1964年にスミソニアン博物館に寄贈されたドライジーネは、当時製造された実物です。

ドライスが公園で実演している有名な絵は、1819年に描かれたそうです。同年、ゼルマーというドイツ人が、ドライジーネで10㎞の道のりを31分半で走った記録も残っています。時速にすると20㎞弱でしょうか。

が、ブームはその年の夏がピークでした。

ドライジーネは、非常に高額なのに、実用性がなく、しかも、敷石になっていて走りやすい公園や公共広場では、おのずと他の通行人の迷惑になりがちだったのです。

当時の靴ですと、すぐに脱げてしまうという問題もあったようです。

ただし、レジャービークルとしての息は長く、なんと1866年のパリでもこれに乗って遊んでいる人がいました。

第2次ボーア戦争よりも前の自転車は、依然として《高額なオモチャ》だった

1860年代、パリでは鋳鉄製の乳母車が売られていました。

そして1863年より以降のある時点で、複数のフランス人が、ドライジーネ型2輪車の前輪ハブにペダルを装置することによって、前輪駆動で走る人力自転車「ヴェロシペード」を案出しました。

1865年にそれはロンドンでも製造され、英国人は「ボーンシェイカー」と名づけます。車輪が、外周面に鉄ライナーを巻いた木製で、その振動がハンドルや木製サドルからもろに乗り手に伝わったからです。初期には車重は150ポンドもあったといいます。

当初の車軸は青銅製の潤滑軸受だったそうですが、69年には「ボールベアリング」が登場。すぐにペダルのクランク軸にフリーホイール・ラチェットも実装され、乗り手が慣性だけで走らせ続けたいときにはペダルの回転を任意に止めておけるようになります。パリからルーアンまでの123㎞を走るレースがこれで行われるほどには、耐久性が備わっていました。

バイシクルという英語は1868年には考えられていましたが、自転車の車輪用にすぐに普及したのかどうかはわかりません。

ヴェロシペード／ボーンシェイカーは、米国へは、南北戦争（1861～65年）の直後から輸出されました。が、普及はしませんでした。

1870～71年の普仏戦争の時点では、フランスが世界の自転車先進国でした。

ヴェロシペードは、仏軍各級部隊の司令部伝令の移動手段として、馬の代わりに使われたようです。それらは軍から支給をしたものではありません。司令部勤務を望んだ徴兵が自費で、私物を持ち込んだのです（応召下士官の騎馬伝令についても同様の制度が、欧州各国の陸軍にはありました）。またおそらくヴェロシペードは、当時のフランス国内の大規模な要塞敷地内での連絡交通用としても重宝したことでしょう。

ただ、運の悪いことに、その頃のフランスの自転車メーカーは、アルザス・ロレーヌ地方に集中していました。

一世を風靡した「オーディナリ型」の自転車は、それを輸入した日本市場では「達磨型」と呼ばれた。かなりの高速を出せるが、危険でもあった。（写真／wikimedia commons）

プロイセンとの関係が悪化し、そろそろ開戦かという前夜から、「贅沢なスポーツ商品を製造していないで軍需品を作れ」「市民は自転車などで遊んでいる場合か」という政府からの圧力がかかりましたのと、その後の独軍の進駐、さらには1870年8月に英国で「ペニーファージング」（普通名詞としては「ハイウィーラー」。日本では「達磨型」と称します）の特許が取られ、そのスピード性能と高級感によって内外市場を席捲してしまう流れから、旧い「ヴェロシペード」は、路上から消える宿命だったのです。

イギリスで1970年に売り出された達磨型の「オーディナリ」号は、フレームを高級な木製として重量23kg。価格は労働者の年収8年分でした。小金持ちの中産階級に、貴族の馬の代用物を与える、ハイソ感あふれる遊興ビークルだったと言えそうです。

ハイウィーラー（達磨型）の初期完成者のひとり、ジェームズ・スターレーは、ワイヤースポークも発明しています。これは今日でも特筆されるべき技術で、木製の輻（や）のように「突っ張る」のではなしに、ぎゃくに「引っ張る」ことで、軽量な金属リムの車輪を荷重で撓まなくするのです。多数の放射状ワイヤーに、ひと捻りで均等な張力をかけてしまう「タンジェント・スポーク」としたのが大成功で、74年には普及していました。

ハイウィーラーの主輪は、四輪馬車の後輪と同じくらいの直径——成人の胸ほどの高さ——ですから、不整地を高速で走ることはむしろ得意でした。達磨自転車を軍用にした場合の試算数値として、1マイルを3分で走破し、250マイルを1日で移動できる、と言われたそうです。しかし大型車輪は「ジャイロ作用」のために機敏な操向は難しく、またブレーキが甚だ原始的で利きが悪かったこともあって、乗り手が前に投げ出されるような衝突事故は頻発しました。死の危険と隣り合わせの、高額なレジャー・アイテムだったのです。

「安全型」自転車がデビュー

1885年1月、そのころ米国市場を席捲していた「スパイダー」という商品名のハイウィーラーに対抗して、前述のスターレーの甥が、「ローバー」を考案します。

それは、現代的な後輪チェーン駆動レイアウトの自転車の、鼻祖となるデザインでした。

中空鋼管を「ダイヤモンド形」に組み合わせたフレームは、乗り手の重心位置を合理的に低くしました。自重は23kgと軽く、前輪の操向が敏活にできて危険を避けやすく、急制動時や衝突時に乗り手が前方に落車するリスクも著減しました。

「セーフティ（安全型）自転車」の、これが、さきがけです。

1880年代に実用化が進んだボールベアリング（またはローラーベアリング）を取り付ければ、スピードを出しても疲れません。

これが、適価で市販されたのです。

英国のBSA社（バーミンガム小火器会社）は、この「安全型」自転車を大量生産して、世界各地に輸出します。

銃器のメーカーは、既存の製造機械を流用すれば「中空鋼管」をはじめとする自転車の各パーツをこしらえることができましたので、自転車に手を拡げたいと思ったとき、有利でした。米国のアイヴァー・ジョンソン社や、ベルギーのFN社も、自転車と銃器の両方をてがけています。後述する日本の宮田製作所（今日の株式会社ミヤタサイクル）や、堺市の企業群も、幕藩時代からの銃工技術をベースに成立しているのです。

そのBSA製の自転車は、南アフリカのオランダ植民地「トランスヴァール共和国」ならびに「オランジ自由国」へも、大量に輸出されていました。

1890年代に、西洋市民の空間意識に、モビリティ革命が起きつつありました。それまで徒歩で1日20マイル歩くのがせいぜいであった人々が、道路さえあれば100マイルの人力移動も可能になったのです。これが軍事革命につながらないはずはありません。

南アフリカの地政学

「トランスヴァール共和国」と「オランジ自由国」のどちらも、オランダ農民（ボーア）が建設した国でした。

ナポレオン戦争より百年早く、オランダ人はアフリカ南端のケープ地帯に地歩を築いていたのでしたが、英帝国はその航海上の戦略要地を奪いにかかり、ついに19世紀半ばにオランダ人たちはケープ植民地を捨てて内陸に逃げ、あくまで英帝国からは独立した生活圏を維持しようとしたのです。

ところがボーアの支配域においてその後、金鉱山とダイヤモンド鉱山とがあいついで発見されます。英国人の鉱山技師や多数の労務者が、英国が支配するケープ植民地経由で流れ込みました。

なんといっても帝国主義の時代です。欲に目のくらんだ英国系の住民は、じぶんたちが数で優勢であることから、「ぜんぶ奪える」と計算しました。

ついに1899年に「第2次ボーア戦争」が始まります。その時点で、現地の英軍とボーア軍は「4対1」の兵員数比でした。

そうでなくとも、世界有数の軍事大国でありまた工業大国でもあった英帝国と単独で戦争をして、ボーア側に勝てるチャンスなど、万に一つもありません。けれどもボーア人は、個人の自由と自国の独立維持に高い価値を置いていて、あくまで抵抗しようと決意します。

ダニエル・テロンの自転車コマンドー戦術

このたびのボーア軍は、最初から「コマンドー作戦」に軸足を置きます。《kommandos》はボーア語です。ナポレオン戦争時代にイベリア半島の住民が試みた「ゲリラ戦」の、いわば最新バージョンでした。

ボーア軍が、小部隊での待ち伏せやヒット&ラン作戦を組み立てる場合に、乗馬で機動したっていいのですが、それですと、英軍の騎兵部隊と制約条件が等しくなって、主導権を保持できるかが、あやぶまれました。

この戦争で英軍は、本国から数十万頭もの軍馬を船で搬入し、惜しげもなく、その数万頭を乗り潰

第２次ボーア戦争にて、電信線を構成するのに自転車を活用している英軍の通信兵。ヘッドチューブに夜間用ランタンが取り付けられているのもわかる。（写真／angloboerwar.com）

していいます。ボーア軍にはとうていその真似は不可能です。英国人は、現地の鉄道網も支配しており、貨物列車に馬と馬糧を搭載して、長い距離を戦略機動することができました。

ここにおいて、ダニエル・テロンというボーア軍の大尉が、最初の「自転車部隊」を組織します。

テロンは、ボーア軍は騎兵で英軍に対抗しようとしても勝利は覚束ないので、馬の代わりに安全型自転車をフル活用することで、英軍の裏を掻けるはずだと考えました。南アフリカに拡がった乾燥した土地には、自転車を有利にし、馬を不利にする、独特な制約があったからです。

その当時、すでに各国には、自転車競技

スポーツの有名選手というのが何人かいて、社会から一目置かれた存在でした。そんな選手のひとりであったボーア人が、テロンに進言したそうです。

いわく。

――馬には、睡眠と餌と水が欠かせない。しかし自転車なら、注油と空気ポンプだけでいい。自転車は、蹴ったり噛んだりすることもない――と。

この男は、騎乗者と距離75kmの上り坂競走をして勝ったことがあるスター選手でした。想像しますに、馬が疲れ切ってしまう距離で勝負したということでしょう。

かくして、「コマンドー」は、まさしく最初から自転車と一体で生み出されたのです。

ボーア軍内でも、馬に慣れていた者たちには、懐疑がありました。しかしすぐに理解者になります。自転車部隊は騎馬部隊よりも信頼できるし、安価でもあったのです。殊に、補給用の馬車をともなうことのできない独立行動の偵察斥候隊として、真価が示されました。

南アフリカ（ケープ植民地）には、英国BSA社の販売店もあり、自転車は地域に普及していましたので、ボーア軍が多数の「安全型」自転車を利用するのに、不自由することはありませんでした。

1897年時点で、ヨハネスブルグに8000台から9000台の自転車があったそうです。

大量の馬に依存した昔の正規軍は、必ず、池や川の近くに「パドック」を設営しないと、野営ができないという制約がありました。水場の位置が限られている、南アフリカのような乾燥地では、野戦部隊はその移動先を容易に敵から推定されてしまうのです。

むろん、土地に青草が十分に育っていないシーズンには、秣を後方から荷車で運搬して補給しなければならないという制約も、騎馬部隊にはつきまといました。

それに対して、ボーアの自転車歩兵は、水場からいくらでも離れて行動ができました。乗り手も、徒歩機動にくらべたら、あまり咽喉が渇かないのです。

英軍の騎乗者は、草原では、数マイル先からその姿を暴露しました。

しかしボーアの自転車歩兵は、乗馬歩兵や騎兵よりも低い姿勢で、暗夜と植生にまぎれるように、自転車を漕ぎ進めることが可能でした。自転車を倒してその場でさらに低い姿勢を取ることも、物音も立てずに可能です。

自転車部隊には、嘶き声も、蹄の音もともなわず、土埃も立ちません。遠くから自己の存在を敵に気取られる要素がないのです。

ボーアの自転車斥候兵は、英軍の歩哨線を、気づかれることなく速やかに通過して、敵を奇襲するための情報を集めました。

当時の自転車の弱点は、よくパンクすることでした。空気チューブが生ゴム製だったためもありますが、加えて南アフリカの草原には、鋭い棘をもつ植物が生えているところがあり、それが、薄いゴムを簡単に貫通したのです。

第２次ボーア戦争に派遣された豪州兵が型式もばらばらな自転車を使用している。左端の自転車には現代のロードバイクと同様のドロップハンドルが用いられている。（写真／angloboerwar.com）

最も厚いゴムであれば、棘の被害を防げました。ということは、ソリッドゴムのタイヤがついた自動車か自転車ならばそこを通過できるのだけれども、騎兵はそこを通過できないという場所があったわけです。

テロンは、空気タイヤ付きの自転車のタイヤを生皮レザーの紐で保護することで、この問題を解決したといいます。

じつは英軍も自転車を持ち出してはいたのですが、この問題を解決できず、数百台の自転車を遺棄したといいます。なお、のちに「ボーイスカウト」を創設することになる、ロバート・ベーデンパウエル大佐は、折畳式の私物の自転車を持ち込んでいました。

テロンの自転車部隊は、英軍の鉄道を待ち伏せし、あるいは地雷を仕掛けました。

英軍は、テロンの首に「1000ポンド」の懸賞金をかけます。今日の価値にすれば、2億円弱にもなるでしょうか。

ボーア戦争に動員された豪州兵は、BSA製自転車のフレームを素材に使い、4輪の鉄輪で鉄道の軌条を疾走できる、8人乗りのペダル漕ぎトロッコを製作しているそうです。それは、巡回警備や、負傷者の後送に便利でした。そのトロッコに、マキシム機関銃を載せたトレーラーを連結することもありました。

レール上を移動できるようにした改造自転車を「ウォー・サイクルズ」と総称しますが、当時すぐに、次の教訓がまとめられています。

――タイヤは空気タイヤとすべし。ソリッドではペダルが疲れる。ましてメタルではうるさくてどうしようもない。高速移動させたいなら、サイドバイサイドで自転車を2台結合し、フランジ代わりの脱輪防止リングをタイヤの内側に増設すべし――。

ボーア人の土地を占領した英軍は、住民に次のことを強制しました。日没から日の出まで、自転車は必ずランプを点灯すること。自転車は1台のこらず登録し、そのナンバープレートをとりつけること。検問所の前を時速6マイル以上で通過してはならない……等々。

衆寡敵せず、最後にボーア軍は英軍に屈服します。が、ボーア人の独立精神を甘く見た英国政府は、予想外の多額の戦費を南アフリカで使い果たし、極東で南下しようとしているロシアと単独でやりあう自信をなくしてしまいます。これが日露戦争前の「日英同盟」の下地になりました。テロン自身は、イギリス軍との交戦中に、野砲の弾丸に吹き飛ばされて、戦死を遂げています。

19世紀軍隊の「騎兵」の地位を20世紀に継承したのは何か？

SF小説家の先達であるH・G・ウェルズは、1898年の「The Wheels of Chance」というエッセイの中で、自転車は、伝統的な英国社会の階級の壁を撤廃してしまうのだろうと予見します。それまで、馬や馬車とは無縁だった階層にまで、長距離移動の自由が与えられるからです（ウェルズ自身は中産階層の出身で、エリート寄宿学校に在籍したこともありません）。

男も女も、旧来の古い活動範囲を、自転車によって物理的に、楽々と飛び出すことのできる時代が到来している——と、彼は見抜きました。

1890年に確立された安全型自転車の「ダイヤモンド形フレーム」は、2トンの下向き荷重を支えても曲がりませんでした。そして1898年には、セーフティ型自転車によって、428マイルを1日で走った人が現れています。

19世紀の最後の10年間に、「安全型」の自転車が、世界の人々の「モビリティ」を一変させたことは、疑いもありません。軍隊がそれに超然としていることは、不可能でした。

探偵物だけでなく空想科学小説も書いた作家のコナン・ドイルは、第2次ボーア戦争に従軍したくてたまらず、現地まで出かけ、そこで、騎兵部隊なんてものはもう消滅するだろう、と思ったそうです。ドイルは馬が戦場で消耗品として扱われている実態に反発していたのではないかと私は想像します（シャーロック・ホームズ・シリーズ中の「銀星号事件」は、馬が自衛して人を殺すというプロットで、しかもドイルがあまり競馬に詳しくないことも暴露している興味深い作品です）。

H・G・ウェルズが1903年末に雑誌に発表した「The Land Ironclads（陸上甲鉄艦）」という短編（本邦未訳）の中には、内燃機関を搭載し、幅30フィートの塹壕を時速6マイルで通過してしまえる無限軌道（pedrail）の戦闘マシーンが、フィクション作品として初めて描かれています。

ウェルズは、伝統的な歩兵や騎兵が、いずれ、都市の会社員たちが徴兵されて操縦する敵の機械部隊に降伏する時代が来る、と予言しました。面白いのは、この未来戦場では、敵――ぼやかした表現ながらドイツ軍を連想させています――の歩兵が自転車に乗って、戦車と協調して攻勢をかけてくるのです。

ナポレオン戦争の時代、陸軍部隊は、「歩兵」「騎兵」「砲兵」を組み合わせた野戦での運用術が高度化しました。「三兵戦術」と称して幕末のわが国の志士たちも勉強したものです。

この騎兵の機能を20世紀において代置したのは、「自動車・装甲車・戦車」でした。

たとえばクラウゼヴィッツが「騎兵」について語っているのを「戦車部隊」に置き換えても、そのまま通用する箇所があるように思えましょう。

「騎兵」の重要な機能として「突進衝力」がありました。馬体重が数百kgあって、ギャロップで疾走してくる馬の胸にまともにぶつけられたら、人間はふっとばされて大怪我せずには済みません。さらに人の腹部を馬の足で踏まれでもしたなら、それだけで致命傷になり得ました。

「自転車部隊」ですと、そんな恐怖を周囲には与えられませんでした。

自転車が前進するにはペダルを漕ぎ続ける必要があります。それをしないで車体の慣性に身をあずけても武器の白兵で「強く押す」ことができません。これでは《対暴徒》の威圧感もないわけです。

欧米軍隊は、1888年から1891年のうちに、そこを察しました。

じつは自転車歩兵部隊は、「騎兵」ではなくて、「駄馬輜重隊」や「乗馬歩兵（ドラグーン）」を代替し得る有力候補だったのです。これは21世紀の現代でもそうです。

自転車歩兵は、たとえば1時間で10マイルを、完全装備で移動し、その直後に、疲れていないコンディションで戦闘加入できます。徒歩行軍でしたら、けっしてこのようなことはなし得ないのです。

さらに、荷物をくくりつけた自転車で、1日に100マイルの移動を、3日間連続しても、自転車歩兵部隊員には、過度の疲労は蓄積されません。

惜しいことに、すぐに続いて新登場した「自動車」の可能性の予感の前に、これらの実績が霞んでしまうのです。

どんな発明にも、タイミングのめぐりあわせがついてまわるでしょう。ボーア戦争で研究熱が高潮した自転車の軍事的な可能性は、とつじょあらわれた「自動車」のインパクトの前に色あせました。自転車をわざわざ熱心に研究し続ける軍人は、稀になりました。

だいたい1909年以降、諸国の指導者層は、自動車に夢中になっていたと言えます。逐次に、陸軍の「騎兵部隊」は「自動車／オートバイ斥候隊」に置き換わって、そこからさらに「戦車部隊」に発展したのです。

ドイツでは1885年から「騎兵無用論」が唱えられていました。機関銃の普及、ならびに、弾倉式連発ライフルの普及を背景とした合理主義でしょう。

ところが装甲車や戦車が実用化されると、ぶあついアーマーのおかげで、敵の小銃弾を恐れなくてもよくなります。こうして《現代の騎兵》が、華々しく蘇ったのです。

自転車は、昔風の「軍事パレード」にもあまり向いてはいません。乗車姿勢に、騎兵や自動車のような威風がともなわないのです。しかし、敢えて華やかさを狙わず、大きな重い荷物を載せて押して歩く姿を展示したならば、外国のプロの兵站参謀を、深く考えさせるインパクトがあるでしょう。

対露戦争に日本陸軍は自転車を持ち出す計画はあったか？

日本政府がロシアに宣戦布告しましたのは１９０４年（明治37年）２月10日です。

松山歩兵第22連隊（第11師団・乃木第３軍）の旗手として明治37年５月、連隊長とともに遼東半島の鹽大澳（えんだいおう）に上陸した櫻井忠温（ただよし）は、連隊本部に橘武市という自転車に乗る伝令卒がいたことを、明治39年刊行の自著『肉弾』の中で記録しています。

おそらく他の諸部隊でも同様に、自転車の伝令は当初から駆使されていたことでしょう。しかし、偵察活動や輸送活動に、まとまった数の自転車を活用しようとした形跡は、まったくありません。

そもそも、歩兵科の初級将校その他に戦術・射撃・剣術などの専門技能を教える機関であった「陸軍戸山学校」が、その体操の項目に「自転車の乗御」を加えたのが、やっと明治36年です。対露戦争準備の課題があまりにも重く、切迫していたため、列強で確固とした編制方針や運用方針ができあがっていたわけでもない、高級レジャー色のまだ強かった「自転車」については、どうも国軍として本腰を入れて研究するような心の余裕もなかったのでしょう。

義和団事件が起きた1900年にシベリアで撮影されたロシア憲兵のいでたち。ゴムなしの、鉄リムだけのハイウィーラーに、アウトリガーローラーをとりつけた、鉄路警備用の改造自転車を使っていたことがわかる。
（写真／ウィキペディア）

もちろん、陸軍は自転車を軽視していたとも考えられません。

明治44年の陸軍省編纂『明治卅七八年戦役 陸軍政史 第一巻』を見ますと、要塞守城工兵の装備に「自転車」が定められていたことや、東京砲兵工廠で量産した自転車の規格に関して「技術審査部」が相談にあずかっていたこともわかります。

明治30年（1897年）8月に砲工学校から《新卒中尉》として東京砲兵工廠に着任し、日露開戦前夜には工廠の小銃製造所長になっていた南部麒次郎が『偕行社記事282号』（明治35年1月）に寄稿しているところによると、終身雇用制がなかった当時、軍からの受注残がなくなった端境期にも熟練銃工をひきとどめておくために、機関砲や自転車を製造させていたといいます。

北清事変（１９００〜１９０１年）においては、日本軍とドイツ軍が自転車を使った、と『宮田製作所七十年史』に見えます。これもたぶん、伝令用だったでしょう。

そして明治36年時点で、陸軍が宮田製作所にとって自転車の得意先であった、と同じ資料は記しています。

とはいえ、市井ではまだ贅沢品でした。１台が１００円もしたそうです。これでは陸軍省としても、短期に大量発注はしかねたでしょう。

日露戦争前夜の自転車世相

日露戦争前夜、日本国内ではどんな自転車が使われていたでしょうか。

まだまだ輸入自転車が、幅を利かせていました。

志賀直哉の『自転車』という作品の中に、明治30年頃の貴重な情報が見られます。英国製の自転車は、堅実であったが野暮臭いと印象されていました。米国製には泥除け、歯止めがない代わりに、値段が安かったそうです。

ただ、日本人の体格には、イギリスから輸入された「26インチ・タイヤ」の自転車が、米国製の28インチの自転車よりも、合っていました。

明治30年以降、横浜の外国商館を通して、空気タイヤ付きの米国製の「安全車」が輸入され、東京でも大阪でも見かけるようになりました。

そして日清戦争中、自転車製作から遠ざかっていた「宮田製銃所」（第3章で詳述します）は、明治32年から、その製作販売を再開させたといいます。

ちょうど、条約改正による「第二の開国」があり、明治32年7月からは、外国人が日本のどこでも勝手に居住し、自由に商売してよくなったこととと、関係があるかもしれません。

国内の大都市では、明治35年（1902年）以降、電車の路線が増えたため、自転車を、遠くへ移動するための手段とする需要は低下して、その代わりに、実用配達車が売れたようです。ちなみに、新橋～上野間に、鉄道馬車に代わる電車が走ったのが明治36年でした。

自転車が《高級オモチャ》だった黎明期には、アマチュアの「同好者クラブ」があったのですが、わが国で、それがなくなったのが明治35年だったそうです。自転車はもう、マスプロされて大量販売されるものとなり、まだ高額な商品ではあったものの、稀少価値はなくなったのです。

後藤新平の回想によれば、明治37年の、日露開戦直前の台湾で、途方もなく自転車が流行りだしたといいます。

また、群馬県では、明治37年以前は自転車は「鉄輪」だったのが、日露戦争の頃にゴム輪の自転車が来た、という別な人の証言もあります。

明治33年、宮田栄助が製銃ラインを拡張した時期に、折悪しく、猟銃の国内需要が縮小する潮流が、見えてきました。保護鳥や益鳥の激減が問題視され、明治34年4月の改正で「禁猟区」が導入されることになったのです。

宮田製銃所は明治35年（1902年）から、製銃をやめて、自転車に軸足を移し、屋号も「宮田製作所」に改めました。製銃用の工作機械は、そっくり、自転車用として使えたそうです。同年、最初に量販したのは、米国製の「クリーブランド号102型」をコピーした「アサヒ号」でした。

対露戦が切迫すると、宮田製作所は陸軍から、「軍」「旅団」で使う自転車×400台の注文を受けます。これらは司令部の伝令用と見ていいでしょう。

今日のわたしたちは、日露戦争が明治37年2月に始まったことを知っています。けれども、リアルタイムの日本人には、その時がいつ来るのかは、わからぬことでした。すでに市中に大量にあるものを徴発するのならばともかく、わざわざ工場を動員して自転車を何千台も生産させるのは、開戦前夜の兵器行政として、どうも合理的とは看做し難かったでしょう。

明治37年（1904年）2月の対露開戦で、軍は宮田の自転車の在庫を全部、買い取ったそうです。同時に、工場は、他の軍需品の生産を命じられましたから、自転車生産はストップしました。

日露戦争中、宮田製作所は、東京砲兵工廠の御用工場として、信管を造っていました（おそらく「31年式野砲」＝有坂砲の75ミリ着発榴弾用ではないかと想像しますが、証明はできません）。別に、衛生材料廠からは、担架600組も受注していたそうです。

明治37年6月、対馬海峡を西航中であった輸送船団がロシアのウラジオストック艦隊に捕捉され、陸軍徴用船『常陸丸』（6172トン）が撃沈されたときには、宮田が軍に納品した自転車「旭号」×数十台も沈んだと、社史に書かれています。

「自動車」が「自転車」のライバルとして登場したタイミングの悪さ

先述している通り、日本陸軍が、第2次ボーア戦争（1899〜1902年）の報道に接してもなお、陸上の兵站アセットとして「自転車／プッシュバイク」を活用しようとは考えなかった一因として、欧米の先進軍隊が、自動車に着目する時代が急速にやってきていたことが、関係があるかもしれません。

後進工業国としては、その趨勢を見極める必要があったのです。そして、見極めきらぬうちに大戦争が始まり、終ったときには、もう南満洲鉄道が日本の手に入っていました。遼東半島の港湾と接続鉄道を支配できるとなったら、自転車になど、陸軍として興味は無かったでしょう。

１９０５年、日露講和会議の開かれた北米東部のポーツマスから英国経由で欧州まで戻ったセルゲイ・ウィッテは、ドイツで送迎用の「自動車」に乗っています。さらに9月16日には、ペテルグラードにも自動車が待っていました（大竹傳吉訳『ウイッテ伯回想記』）。

ゴットリーブ・ダイムラーとカール・ベンツが、あいついでガソリン機関搭載の自動車を実用化したのが１８８６年でした。１８９５年には世界初の長距離自動車レースがフランスで開催され、ガソリン車が優勝しています。１９０１年には米国のオールズモビル社が、ガソリン動力の庶民車の量産販売を開始しました。

19世紀末には、米国市場で自転車は供給過剰になったといいます。もともと、市と市の間に電車が通じていた上に、四輪自動車や三輪自動車が市場投入され始めたためです。

おそらくそれもあって、米国製の自転車が１９００年から日本に安く輸出され、しばらく日本市場を席捲したのかもしれません。ちなみにヘンリー・フォードが大衆向けオフロード車の「モデルT」を市販開始するのは１９０８年末からです。４×２駆動ながら、泥道踏破力や登攀力を徹底して考えてあったので、これで米国人の農村生活は一変しました。

『宮田製作所七十年史』によれば、明治42年の日本国内には自動車はたったの60台しかなかったのですが、宮田は2人乗りの自動車を試作しています。エンジンまでもハンドメイドだったそうです。日本陸軍としても、重い榴弾砲を牽引できる可能性がゼロの自転車よりも、馬に負けない牽引力を発揮する自動車にもっぱら着眼するのが、明治末においては自然なことであったでしょう。

第3章 なぜ「マレー進攻作戦」だけが「銀輪」活用の成功例となってしまったのか？

日本の自転車工業と幕末人力車の縁

古来、わが国にも「車大工」は存在します。

近世は、どうだったでしょうか？

1775年に長崎・出島にやってきたツンベルクが、その翌年に京都の伏見で、前1輪・うしろ2輪の三輪車を見た、と書いています。ホイールは木片のソリッドで、摩滅をふせぐために縄が巻いてあったそうです（山田珠樹訳注『異国叢書 ツンベルク日本紀行』昭和3年刊）。

1輪車などは紀元前から中国大陸にあったもので、いつの、どこの世界でも職人は、さまざまな

「車両」を、製作し得たはずです。

しかし日本にも東洋にも、カール・ドライス氏は輩出していません。その理由は、ひとつではないでしょう。

わが国の場合、町なかの広場ですら舗装がされず、土地が、水田を縫う細道でなくば山坂だらけのために欧米のような「馬車」システムが育たなかったこと、幕府の道路政策として大八車や大七車のような大型荷車が、江戸・京都・駿府の外では禁止されていた（矢津昌永『日本帝国政治地理』明治26年刊）こと、そして、軽量な荷車1台にも保有税を課した、徳川時代いらいの地方税の慣行が、原初的な「スクーター」の研究試作を、木工職人たちに断念させるように作用したかもしれないと想像します。

自転車の現物は、馬車とほぼ同時に、遅くとも慶応年間には、日本の港に揚陸されました。それらに触れた日本の職人たちが、模倣品の製造を思いつかなかったはずはありません。

しかし、投入する労働時間と得られる儲け、かかってくる税金等を勘案したら、当面、まずは人力車の工夫に注力するのがよさそうだと思われたのでしょう。

明治4年（1871年）以降、わが国に、車輪がまだ木製であった、初期の《人力車》が普及します。椅子と車輪の結合という発想は和式ではないため、これは安政の開港以降に持ち込まれた外国製の馬車にインスパイアされたとしか考えられないそうです（齊藤俊彦『轍の文化史――人力車から自動車へ

北海道の北斗市の郷土資料館に保存されているこの荷車は明治６年のものだそうだ。当時の車大工が、見よう見まねで人力車を製作するのに、とくに苦しむことはなかっただろう。（写真／兵頭二十八）

の道』・他）。この人力車に関しても、出現するやすぐに「車税」が設けられます。

石井研堂は、人力車は和泉要助が西洋人の馬車をヒントに明治3年に発明して官許を得、明治5年8月時点で東京府下に2万1522両もあった、と書いています（史學会編『明治維新史研究』昭和4年刊）。

また『宮田製作所七十年史』によれば、明治6年に全国で3万4000両の人力車があり、宮田栄助も茨城県から東京に出るときの資金を、明治9年に自作した人力車を1両18円で売って得た――といいます。

清朝の1617年以降、版本が流行している小説『金瓶梅』の挿絵の中には、人力車の前後をさかさまにしたような2輪の手押し客車が描かれたものが見えます。しかしなぜか明国人および清国人は人力車を発明しません。

高橋澄編『日本発明大辞典』（昭和14年刊）は、人力車は福岡県中泉村の和泉要助が中心となって明治2年に製出したとし、その後、内田勘左衛門が幌をつけ、秋葉大助は車体を舟型にし、蹴り込みを設け、車軸に弾機を付し、英・仏・シナ・インドへ輸出したと書いています。

（社）日本ばね工業会編『日本のばねの歴史』も、明治4年に人力車に「板ばね」が導入されているとしています。

明治11年5月に横浜に上陸したイザベラ・バードは、《人力車は7年前に発明された。日本のどこにでもあり、元気な車夫は時速4マイルで1日に40マイルを走る。幌は油紙製》などと記しています（高梨健吉訳注『日本奥地紀行』原1885年）。

人力車夫の中には、維新直後に失職した元旗本も多かったそうです。

西南戦争で田原坂が攻防の焦点になったわけ

明治10年の西南戦争は、輸送戦争でした。官軍は、汽船を雇って兵員と弾薬を九州の海岸へ送り込み、そこから先の陸路は、人力車を雇い、主に小銃弾薬を最前線まで届けさせています。

3月5日時点で田原坂に張り付いた官軍は6000人。西郷軍側は1万5000人だったといいます。西郷軍の方は、住民に1発2銭5厘5毛でタマ拾いをさせるほどに、弾薬に困っていました。

それに対して、圭室諦成著の『西南戦争』（昭和33年刊）によれば、明治政府は官営工場でスナイドル銃の弾薬を1日に4万発、その他の弾薬もあわせると連日12万発も製造し、3月4日から3月20日まで続いた田原坂の戦いでは、総計515万5000発の小銃弾を射耗させたのです。松本清張は『私説・日本合戦譚』のなかで、田原坂の官兵の中には1人で1000発以上発射した者もいたと記しています。

なぜ明治政府軍は田原坂の堅塁を迂回しなかったのでしょう？

それも、人力車のためだったのです。

当時の大砲は、どうしても必要ならば分解し、道なき道を人力で担送することが可能でした。じっさい、西郷軍はそのようにして山嶽ルートを通って鹿児島まで退却して行きます。

ところが他方、おびただしい数量の小銃弾となったら、そうはいかないのでした。

1867年に英国が標準化した、口径14・5ミリのスナイドル後装銃の弾薬は、発射される弾丸だけで29～31グラム。それに真鍮製の薬莢と装薬も付いた完全実包の重さは53グラム以上あったでしょう。1000発だと53kg。4万発だと2120kg。官軍が1日に30万発発射したとすると、小銃弾薬だけでも毎日16トン近く、補給しなくてはなりますまい。兵隊や人夫が直接、背中に担いでどうにかなる量では、すでに、なかったわけです。

そのオーダーになったら、もはや無数の荷車か人力車に山積みして、整備された道路を、ひたすらに往復させるほかにありませんでした。それで、街道コース（田原坂ルート）の一択となったのです。

火野葦平の『小説 陸軍』によれば、薩摩軍も人力車を雇いました。当初、1里あたり10銭を払っていましたが、最後は2銭に値下げしたとか。さらに、負傷者や死者は、担架が少ないので、畚（もっこ）で運ぶか、手足を縛って棒で担いだ、とあります。退却時には、官軍が弾薬とともに追いかけ難くなる、クロスカントリー・コースが有利だったでしょう。

ちなみに、わが国における人力車の保有量のピークは明治29年で、その数は20万台以上だったそうです。

また、明治41年以前の人力車は、木製車輪の外周に「輪鉄（わがね）」を巻き、接合部を「わかし付け」鍛接したものだったと考えられます（白鷹幸伯『鉄、千年のいのち』1997年刊）。夜間や早朝だとその通行はかなり、騒々しかったことでしょう。

『宮田製作所七十年史』（昭和34年刊）によれば、明治41年に人力車の車輪が鉄帯からソリッドゴムに進化したので、宮田製作所でも同年にソリッドゴムを貼り付ける自転車リムを製作したといいます。なお、空気入りのタイヤがついた人力車は、大正元年の4月まで、出現しません。

人力車のソリッドゴムタイヤは別名「丸タイヤ」と称され、騒音がなくなったかわりにチリンチリンとベルを鳴らして走ることが義務づけられました（『日本ゴム協会誌』54巻12号所収・金子秀男「自転車タイヤ・チューブ」）。

日清戦争以前の国内自転車メーカー

自転車は、人力車以上に、工業規模での「量産」ができなければ、製造業として旨みはなかったでしょう。それには工作機械が必要でした。

明治20年より以前、精密な工作機械はわが国の民間には皆無で、その使い方を覚えたくば、軍工廠の職工になるのが早道でした。

なかでも小石川の水戸藩邸跡に建てられた陸軍東京砲兵工廠は、小火器中心の大工場でしたので、幕藩時代の鉄砲鍛冶ゆかりの職人が多く出入りして、機械について学ぶことができました。当時は終身雇用制もありませんので、腕のある職工が短期間、修業感覚で就労することは珍しくなかったようです。

自転車のフレームを構成する金属パイプは、日露戦争前の日本ですと、板金からこしらえるしかありません。それは昔の鉄砲鍛冶が銃身を鍛造した工程に似ていました。

戦前の日本を代表した自転車メーカーの創業者、宮田栄助（1840~1900年）は、明治9年に茨城県から東京に出て来て、すぐに東京砲兵工廠で好条件で雇われました。もともと銃工であったのと、西南戦争の特需が幸いしました。

宮田は明治14年に東京府下の京橋に自分の製銃工場を構えます。おそらく「十三年式村田歩兵銃」の急速量産に協力する工場だったのだろうと私は思います。日露戦争以前の官営工廠のキャパシティは今日想像するほど大きくはなく、陸軍の制式小銃として新型が導入されるさいのピーク需要に応ずるためには、民間との分業が不可欠でした。宮田のために軍銃受注を斡旋していたのは、明治期、三井物産、高田商会とともに三大武器取り扱い商社であった、大倉組でした。

明治14年の『朝野新聞』に、種子島銃工が失職したので、村田銃量産のために東京に呼んだら、皆、優秀であった――と書いてあるそうで、これはそのあたりの消息を示唆しているでしょう。

明治20年時点で、工場主であった宮田栄助本人が、それと同時に、工廠にも籍を置いています。おそらく「十八年式村田歩兵銃」の量産にフルに関わっていたのでしょう。明治23年以前には、そういうことができたのです。

宮田は明治23年にあたらしい工場を都内の本所に開き、そのさいに屋号を「宮田製銃所」としています。「二十二年式村田連発銃」の生産分担を、はりきって受注するつもりの設備投資だったろうと私は思います。ところが、22年に工廠の小銃製造ラインのボスであった村田経芳大佐は欧州視察旅行に出てしまい、23年に帰朝したと思ったら、少将昇進と同時に陸軍を退役。工廠から宮田への発注が、とつぜんになくなってしまいました。

これは、明治憲法が23年から施行され、帝国議会も同年に始まる流れと関係があるのでしょう。

砲兵工廠の当年度予算は、前年に国会で決められるようになったのです。政府は議会に対して説明責任を負いました。そうしたうるさい制度がなかった草創期ならば、たとえば村田経芳の一声だけで、工廠ラインの端境期に猟銃の受注生産（いわゆる「村田猟銃」で、十三年式の機関部を流用し、客の好みの銃身や銃床を組み付けた、単発後装式の散弾銃／マスケット銃）を展開したり、即決で周辺の民間工場に随意契約の仕事を外注することも裁量の範囲内だったのでしょう。

しかし法律でガチガチに縛られる近代的な「お役所」に変わった東京砲兵工廠は、もはや「二十二年式村田連発銃」の製造を、宮田に外注できなくなったのです。そこにはまた、許容公差の問題もあったかもしれません（二十二年式の機関部には、とくに高次元の部品互換性が要求され、それ以前の精度で仕上げられた部品では、メカニカル・ジャムが起きて、連射ができなくなりました）。とつじょとして宮田は、安定した収入を見込めた軍銃の下請けに関われなくなって、やむをえずして、猟銃と「自転車」に活路を求めるしかなくなったのではないかと、私は『宮田製作所七十年史』（昭和34年刊）を深読みします。

日本で最初に「セーフティー型」自転車を製作したのは……？

日本に初めて「安全型」自転車が輸入されたのは明治19年だったそうです。

そして宮田栄助の次男（明治33年に二代目社長になる）が、たまたま店を訪れた外国人から頼まれて「安全型」自転車を修理してやり、さらにフレームだけゼロから試作してみたのが明治22年のことだった、と『宮田製作所七十年史』には書かれています。

明治23年には、宮田の工場で、初めて安全型自転車の全体を試作しました。タイヤは、丸断面のソリッドゴムを巻いたものでした。この試作自転車と同じものを、逐次、売るようになったそうです。

ところで、日本から外国に輸出した機械製品の早かったものとして、記録のはっきりしているところでは、明治24年に「梶野自轉車製造所」が清国へ売った自転車があったそうです。神奈川県人の梶野甚之助は明治14年頃から木製自転車を試作したほどのパイオニアで、明治29年に自社製の「安全車」、それも空気入りのタイヤがついたものを米国へ輸出したことが確実です（『自転車の一世紀』85～87ページ）。

しかし木村菊太郎著『小唄鑑賞』（昭和41年刊）によれば、明治6年からすでに人力車の輸出は英仏向けに始まっていて、日本国内に自動車が普及した大正12年以後も、ひきつづき、シナ、南洋、インド、南アフリカへは「リキシャ」が輸出されたそうです。

小島昌太郎著『支那最近大事年表』(昭和17年刊)にも、明治7年に日本から人力車が上海へ初めて輸出されたとあります。中国国内での呼称は、上海では「黄包車」または「東洋車」。北京では「人力車」(リエンリイチ)、「洋車」でした(井東憲『支那の秘密』昭和14年刊)。ついでなので紹介しておくと、1925年において上海には人力車が2万台(自転車は9817台)、1934年には3万台以上(自転車は3万2916台)あったそうです(劉大鈞著、倉持博訳『支那工業論』昭和13年刊)。

人力車にせよ、自転車産業にせよ、日本政府は終始一貫、補助も庇護も育成もしたことがなく、税金だけはしっかりと徴集し、まったく民間が自力で発達させたことは、特筆に価します。明治35年にシャム(タイ王国)から砲兵工廠が受注した小銃ですとか、明治36年から南部麒次郎砲兵大尉(東京工廠勤務)が清国へ売り込んだ「南部式自動拳銃」や中古の村田式歩兵銃に十年も先駆けて、日本製の自転車は、海外市場を開拓しました。

宮田の工場では、明治25年に、皇太子(大正天皇)用の自転車を謹製しました。タイヤは丸ゴム(ソリッド)の、木リム張付け式。スポークは鉄。ハンガー部(ペダルのクランク軸が通るところで、フレームの多数のパイプもここに結合される)だけ、ボールベアリングが当たっていて、ヘッド部(ハンドル直下)やペダル部にはベアリングは無かったそうです。

日清戦争と自転車

『自転車の一世紀――日本自転車産業史』によりますと、明治25年（1892年）7月、憲兵司令部が、それまでの乗馬を自転車に換えているそうです。乗り方の練習は、同年の春から、していました。

このタイヤはソリッドゴムではないかと考えられます。昭和ゴム株式会社の常務取締役だった堀江順策によれば、空気入りタイヤが初輸入されたのは明治30年頃だったからです（「自転車タイヤのわだち」『日本ゴム協会誌』第55巻1号、1982年）。

同じ明治25年の秋、宇都宮における第一回の陸軍特別大演習に、歩兵大尉の中島康直が、オーディナリー型（達磨型）の自転車を持ち込んで、司令部の騎馬伝令の代わりが務まることをアピールしました。英・仏・米国ではすでに1878年にはオーディナリー型によるサイクリング・クラブが流行し始めていいます。そして中島大尉は、日本最初の自転車クラブ「日本輪友会」の初期メンバーにも名を連ねていることが、明治26年7月11日の『朝野新聞』でわかるそうです。

惜しくも大尉は、明治28年12月7日の『時事新報』によれば、日清媾和後の台湾平定作戦中に、病死したそうです。彼が大陸や台湾を自転車を携えて転戦したのかどうかは不明ですが、あり得なくはなかったでしょう。

ドイツ陸軍は１８９４年（明治27年）の秋季大演習で、対騎兵の阻止戦闘を自転車隊にさせられるかどうかを実験しました。軍団内の伝令はとっくに自転車でした。

オーストリー軍も同年の演習で、多数の自転車を試しに使ってみたそうです。

達磨型に代わる「安全型＝セーフティ型」の自転車は、欧米では１８９０年代に普及したといいます。たぶん独墺軍が実験したのも安全型でしょう。

しかし日本では、セーフティ型自転車が普及開始したのが、やっと明治29年（１８９６年）でした。初期のものは、未だフリーホイール（クランクの回転を止めても、後輪は勝手に惰性で回転し続けるギアのメカニズム）やコースターブレーキ（ペダルを止めた惰性滑走状態から、ペダルを逆回転させると、後輪の歯車と、車軸のセンターのあいだに横たわる小さいシリンダーの内部で、ネジ山の作用によって「くさび」が押し込まれ、ブレーキシューをシリンダーの内壁に圧着せしめる、今日では見られなくなった制動機構）は付いていないものだったそうです。

安全型の以前の達磨型の自転車ですと、主輪の直径が、欧米の四輪馬車の後輪並みの大きさでしたから、不整地走破性は十分あるのですが、なにしろ非常な高額品で、軍隊の大量整備に向きません。また、乗り手の地上高が騎兵並みで、遠くから敵眼に暴露する不利もありました。荷物をたくさん載せられる構造でもありません。明治27〜28年の日清戦争に、日本軍が自転車をほとんど用いるチャンスがなかったとしても、無理はなかったのです。

仮にもし明治27年の対清国戦争の開始前に、「安全型」自転車がわが国にも普及済みであったとしたら、史実では朝鮮半島において大いに苦しんでいる後方兵站活動の円滑化に、貢献できたかもしれません。たとえばある部隊は、朝鮮半島に上陸したあと、馬が足らず、人夫も逃げてしまい、やむなく兵じしんで肩で荷を担ぐしかなくなったところ、1日に1里北上するのがやっとであった——と回顧しています。

根本の計算違いは、日本本土から動員して持ち込んだ馬のパワーが小さすぎたり、去勢してなくて扱い難い暴れ馬が多かったことにもあったようです（昭和11年の雑誌『軍事研究』第4巻・第3号）。

ざんねんながら、日本国内では当時まだ「安全型」自転車が普及する前の段階でしたために、それを軍隊の遠征先で、荷物運搬専用の「プッシュバイク」として用いる実験も、あり得ませんでした。

清国兵が略奪して去ったあとの道路を追いかけた日本軍は、とくに給養の欠如に苦しみます。たとえば第1軍隷下の「歩兵第6旅団」は、明治27年10月1日に平壌から北上を開始しながら、糧秣がついてこないために安州（国境まで130km）付近で動けなくなってしまい、重要な敵本土での初戦たる鴨緑江会戦に参加ができませんでした。平壌から鴨緑江までの距離は、釜山からソウルまでの距離の半分だったのですが……。

それに先立つ9月14日に日本軍が平壌を占領したとき、清国軍の糧米2900石と雑穀2500石が押収されているのです。しかし大同江以北、鴨緑江までの沿岸への海路輸送の準備が日本海軍には無く、糧秣を陸送する現地のアセットを第1軍の各部隊が取り合いとなって、第6旅団司令部はその手配競争で負けたのでしょう。

10月27日に占領した九連城でも日本軍は清国軍の貯蔵米5000石を得ました。が、またしても、そこから西進しようとしたときに、同様な陸運手段の絶対的不足に、直面します。

秣を本国から大量補給し続けるシステムが無い日本軍は、明治27年12月13日の「海城」攻撃のあと、「冬営」――すなわち長期休止――するしかなくなります。第1軍司令官の山縣有朋は、もっと攻め続けたかったのですけれども、なにしろ馬糧が得られないのでは馬が「凍斃」するばかりです。もし「自転車」を兵糧運送用のプッシュバイクとして使えたならば、秣の必要量は著減したはずですから、日清戦争の展開はずいぶん変わったでしょう。28年2月の威海衛付近での行軍を描写した軍歌『雪の進軍』の歌詞も、おそらく違ったものになったでしょう。

明治のエリート軍人で、日露戦争では第1軍の参謀長（少将）も務めた藤井茂太の『両戦役回顧談』には、こんな数値が、いささか誇張気味に、紹介されています。

――韓国のソウルに1個師団を維持するとして、そこに釜山（直線距離325km）から糧秣を、人力担送によって補給してやるには、軍夫は何人必要か。1個師団には戦闘員の他、非戦闘員が1万人も含まれ、1日にコメを72石、需要する。軍夫1人の負担力は1斗5升（33kg）だから、そのコメを48

0人で運ぶ。また1個師団が1日に消費する副食は960貫。軍夫は1人で6貫目（22・5kg）を負担できるから、160人で運ばせる。1個師団が1日に消費する〔馬糧の？〕麦は100石。軍夫に1人で2斗（30〜42kg）を運ばせるとして500人が必要だ。そしてこれら軍夫もまた糧食を消費する。その目減り分をまた補充するには、けっきょく5万人の軍夫が動くのだ。あるいは、40貫（150kg）を積載し、4人で押し曳きする「軽便荷物車」を用いるとすれば、それが6000両と、補助輸卒が2万5000人必要である。1頭に90kg前後駄載できる駄馬とすれば、各馬に1人ずつ馬子が付くから、馬1万2000頭と、馬子1万2000人が揃わなくてはならぬ――というのです。

もちろん兵站参謀たちは、最寄りの仁川港まで船で物資を揚げてくれるように、海軍に頼みました。

余談ですが、明治43年まで朝鮮の領土主権は大韓帝国の王宮にあり、日露開戦前、彼らはロシア政府（その黒幕は鉄道経営専門家であったウィッテ）から工作を受けて、日本資本が鉄道（釜山〜ソウル〜平壌〜鴨緑江）を敷設しようとするのにひたすら抵抗をしました。

1898年（明治31年）4月に「朝鮮に関する西・ローゼン協定」が署名されて、やっと日本政府は翌99年9月に「仁川〜ソウル」間のレールだけは敷けたのですが、それに続くべき「釜山〜ソウル」線は、明治38年（1905年）までできません。さらに新義州まで軽便鉄道をなんとか伸ばしたのが1905年4月。対露戦争はもう前年の1904年2月に始まっているのです。いかに日本陸軍が補給問題でやきもきさせられたか、想像がつくでしょう。

日本陸軍は、朝鮮半島を縦貫する鉄道さえ使えるなら北朝鮮や南満洲への補給は随意にできるとわかっていましたが、それができず、悪路の人力補給にさんざん苦労させられましたので、やっぱり韓国人には名目主権も与えておくわけにはいかぬ、と、朝鮮領土の法的な併合を促したのです。

ここで仮定の話をします。「安全型」自転車のフレームは、19世紀末の欧米製であれば、百数十kgの荷重に耐えてくれたと思われます。ただし当時の空気タイヤでは持たないと思われますので、このタイヤをソリッドゴムに戻す必要があったでしょう。「プッシュバイク」(押して歩く自転車)として使うなら、それで十分です。計算を単純化するため、1台に100kgの兵糧を載せたとします。20kgの兵糧があれば1人の兵隊が1ヵ月、生存できた。史実の日本軍は平壌から九連城まで27日間で到達しています。日清戦争当時の1個師団が1万5000人だったとしても、その師団内に100kgの兵糧を積んだプッシュバイクが3000台あったなら、もはや担夫の人集めに苦しむこともなく、人も馬も減らした軽快な師団の、無停止進撃が可能になったでしょう。冬営の必要はなくなり、山縣が夢見た直隷平野決戦がすぐ実現したかもしれません。ひいては、韓国併合の必要なども、なくなったかもしれぬわけです。

しかし史実では明治35年の東京府内にすら、登録された自転車の総数が5428台しかなかったそうですので、明治27年に1個師団のために3000台の自転車を動員(徴発)することなど夢物語で

米海兵隊員が、遺棄された41式山砲と記念撮影。この砲身を人力で運ぶときは、４人で２本の丸太を担ぎ、菰に巻いた砲身をそこから縄で吊り下げた。１人の負担量は25kgだから、もう他の荷物は運びたくなかっただろう。（写真／USMC）

しかなかったのです（日本全体では7個師団ありました）。

ついでに数字を挙げておけば、日露戦争の終結年である明治38年でも、東京府下の自転車数はたったの７５８７台しかありません。まだまだ過渡期だったのです。

日本陸軍は、外地における鉄道線の未整備や、日本国内の馬格の貧弱は、「プッシュバイク」で補えるとは発想せず、明治38年以降、欧州から種馬を仕入れて、大正12年までひたすら馬政に注力します。たくましい馬が揃っていないことには、満洲でロシア軍より軽い野砲しか牽引できないことになりますので、砲兵用の輓馬を自転車には替えられなかったでしょう。

しかし「山砲」（大砲のパーツがすべて１００

kg未満になるように設計し、分解して馬の背に載せて山地を機動できるようにした、軽量・短射程の野砲）に関しては、すべて「自転車化」ができたのではないかと私は思います。

明治41年に完成し、第二次大戦末期の樺太においてソ連軍の軽戦車に対してなお有効であった「41式山砲」は、放列砲車（分解する前の姿）の重量が540kg弱。2つの木製車輪がそれを支えており、そのまま馬で荒れ地を曳き回すこともできました。1個31・9kgの車輪は木製でしたが鉄輪帯が巻かれていました。もし、当時の自転車の鉄リム＋ワイヤースポークで、100kgの荷重に耐えられるか不安があったのなら、山砲の砲車用の頑丈な木製車輪をそっくりコピーすればよかったでしょう。専ら押して歩くのだと割り切ったなら、それで何の問題もなかったはずです。

これは英文ネットで承知したのですが、未だ車軸のベアリングが市販されてはいなかった1856年から60年にかけて、米国のモルモン教徒たちが西部を目指したときに、馬を購う資金が無いために「手押しの2輪荷車」をめいめい自作し、家族が人力で押し曳きしたといいます。もちろん、サイドバイサイドに左右に並んだ2輪です。その手押し荷車の車輪は直径が152センチで、重さは1個が27kgでした。113kg以上の荷を載せられた、もし2輪の荷車の木製車輪をこれよりも軽くすれば、長期連続の旅程には耐えなくなるのだろうと想像ができましょう。

ベアリングについて補足をしておけば、フランスで自転車用の玉軸受が設計されたのが明治2年。ドイツの工場でベアリング・ボールが量産可能となったのは明治16年だったそうです。

明治27年（1894年）6月に始まった日清戦争は、日本国内の社会のムードを急変させます。猟銃や自転車は、世間から見ると道楽品でしたので、売るのも買うのもよくないという風潮になりました。

対清戦争中、宮田の工場では、陸軍省から、輜重車のカマガネ（砲金製メタル）を受注し、製造納入したそうです。

明治28年4月の下関条約により、日清戦争は決着します。宮田の工場は陸軍御用を解かれ、また猟銃商売を再開しました。

明治29年から32年にかけて、今の堺市が、自転車部品を製造する中小工場のメッカに急成長します。幕藩時代から鉄砲鍛冶が集まっていたことから、自然にそうなったようです。

日露戦争については、前章で概説しましたから、ここでは省略しましょう。

第1次世界大戦前の日本国内の自転車事情

陸軍内の自転車実験の草分けの一人で、「陸軍自転車軍用取調委員長」にもなったという、梅津元晴という歩兵将校がいて、確実なところは、慶応3年生まれで昭和4年没、日本人初のフルーレ選手で陸軍戸山学校に縁があり、明治35年には歩兵大尉であったことですが、いつ現役を退いたのか、ネットではわかりません。

どうもエリート幕僚タイプではなくて、日露戦争には予備役将校として応召している可能性もあります。その梅津氏がみずから店主であった「梅津旭商会」が明治39年に廃業したと、『宮田製作所七十年史』は書いています。

日露戦争にともなう国内軍需産業の景気が続いたのは、明治39年まででした。40年の春には、早くも銀行のとりつけさわぎがあり、そこから大正初期まで――すなわち第1次世界大戦が始まるまで――世界的にも不況が続くのです。この荒波を、宮田製作所は乗り切って、自転車の国内筆頭メーカーとして業容を充実させています。

明治末頃の日本国内の自転車市場は、統計はありませんけれども、《輸入が6、国産が4》の比率で、その輸入元は、明治40年を境に、米式が英式に変わったそうです。また、完成車の輸入は漸減し、「部品」輸入が漸増しました。

もう少し詳しく見ましょう。堀江順策の前掲「自転車タイヤのわだち」というエッセイによれば、わが国の輸入自転車は、明治35年から38年までは米国製が英国製を数でしのいでいましたけれども、明治39年に一挙に逆転し、以後はずっと英国製のひとり勝ちです。

また、米国製自転車と英国製自転車をあわせた総輸入数は、明治35年が1万4716台、明治36年が1万4173台、明治37年が1万3031台、明治40年が3万2597台（記録のピーク）、明治44年が2万2773台で、この2国以外の国からの輸入量は、とるにたらぬそうです（明治40年で1926台）。米製・英製の市場での人気が逆転した理由は、英式の空気タイヤの仕様が米式のそれより優っており、しかも安価だったためでした。また、明治41年以降の輸入が減った理由は、国産のネックであった金属リムとタイヤの自給が明治40年に可能になったからで、その背景にはまた、日露戦争後の関税改正で、原料ゴムの輸入を無税にしたと同時に、輸入の自転車タイヤに重量税を課した政策や、明治42年に神戸にダンロップのゴム工場（今の住友ゴム工業）ができたことが関係しているようです。

しかし明治40年以後もまだ、フリーホイールなどは、輸入をたのむ必要がありました。

その頃に、宮田が国産品のフレームの強度試験をしたところ、百貫匁の荷重を吊るしても、パイプの蝋付け部分が変形しなかったそうです。米国ですと1895年（明治28年）以降、冷間ひきぬきでシームレス鋼管が作られるようになっていたそうですが、日本国内ではまだ、鋼鈑を筒状に丸めて溶接していたのでしょう。

それで、明治40年頃のわが国の自転車ショップには、修理のための旋盤とフイゴが必ずあったものだそうです。

コメ屋と薪屋をのぞいて、大都市の商家の主人や番頭は、自転車に乗るのを恥だと考えていたような時代でした。しかし地方では、もう誰でも自転車に乗ったそうです。

日露戦争後に、宮田が主導した自転車のマスプロ生産が本格化した

英国人ダンロップが、自転車競技用に使える空気入りタイヤを発明したのが1888年（明治21年）のことです。

わが国に、空気の入る自転車用タイヤが輸入されたのは、『宮田製作所七十年史』によれば、明治30年になって間もなくでした（堀江前掲記事によれば、米国式ホースパイプ）。そこから、ニューマチックタイヤを模倣する試みも始まります。

明治40年時点でも、宮田製作所は、木製リムの自転車を、商品ラインナップに加えていました。その需要もあったのです。同年の7月から、世界は、日露戦争後の経済恐慌局面に入りました。

同年、宮田は陸軍に、2つのタイプの自社製自転車を納品しています。軍のほうでも、ようやく、品質の確かな量産品を、適価で国内メーカーにまとまった数を発注できるようになった。それが明治40年だったということなのでしょう。

どうやら明治40～41年は、宮田と日本の自転車産業にとって、画期をなしているようです。

まず、市場が拡大しているのに、輸入自転車は減少しました。これは宮田製作所の国産努力が実っ

たのである――と、『七十年史』は自讃します。

宮田製作所は明治40年に「リミットゲージ」を導入して、マスプロの自転車部品にも精密な互換性をもたせようと図ります。

さらに、従来、毎月、1日と15日の2日しか休日がないのがわが国の労働慣行でしたが、宮田は日本で初めて、毎日曜日を工場休日にしました。夜業も廃止して労働時間は1日10時間と決め、終身採用するつもりの十代の従業員(小卒)たちには夜間の工業補習学校へ通わせています。

品質の高いマスプロができるならば、国内にライバルもいなくなる道理でしょう。

明治41年には、宮田は清国へ量産自転車を輸出し始め、辛亥革命が始まった44年から暫時、不振に陥ったものの、第1次大戦が始まる1914年までには、中国市場に、日本の自転車メーカーとして唯一、シェアを築いていました。

第1次世界大戦(1914～18年)と自転車の海外市場

大正元年……。とうじ最新の舶来自転車と同様の「空気入りゴムタイヤ」が、人力車にも導入されました。軽い金属のリムに、軽いワイヤースポーク。車軸にはベアリングもはめ込まれたでしょう。

曳き手にとって軽快であるだけでなく、乗り心地も静粛性も、それ以前の「木製リム＋ソリッドゴム貼り（もしくは鉄板巻き）」とは雲泥の差だったでしょう。商売でお客に快適さを売るサービス業として、競ってそれを採用したのは当然です。

国内の自転車保有台数は、大正2年には、41万8000台になっていました。このくらいのスケールになれば、たとえば日露戦争の「担夫」の代わりに自転車を徴発動員しようという発想が、あり得る水準です。しかし、もう朝鮮半島にも満洲にも鉄道が延伸中でした。陸軍の関心は遂に自転車には向きません。何よりも馬のことで頭が一杯でした。

大正3年（1914年）、宮田製作所は、1社で年に2万5000台の自転車を造っています。そしてこの年、欧州で世界大戦が勃発し、欧州各国も米国も、日本向けに輸出する自転車など製造している余裕はなくなります。日本国内の自転車メーカーには、大きなチャンスが到来しました。

第1次大戦中、英軍は10万台以上の自転車（主にBSAの「マーク4」）を戦場に持ち出しています。ボーア戦争の戦訓を咀嚼した英陸軍が、自軍内に自転車装備を意図的に増やしたのは1908年以降だったそうです。

フランス軍は、12万5000人を、自転車で移動する歩兵としました。

ドイツ軍は15万人を自転車兵としたそうです。しかし、総勢で1300万人を動員したうちの15万人です。本気の整備をしたようには、見えません。

自転車に限らず、自国の需要が天井しらずに急増するのが戦時です。イギリス製やフランス製の工業製品は、早くも1914年のうちに、中国にも東南アジアの植民地にも、まったく輸送されて来なくなりました。量産力を着実につけてきた宮田製作所には、販路を海外へ拡大する商機がおとずれます。

まず上海から、宮田に人力車の車輪パーツの注文が入り、それに続いて自転車を、上海と天津、シンガポールへ卸すようになったのです。

大正4年末には、ニュージーランドから自転車1000台を受注しました。

日本国内で「大戦景気」が全開となったのは大正5（1916）年です。貿易統計が、開国いらい、初めて「出超」を記録しました。そして大正6年が、いわゆる「成金」の時代でした（成金という言葉じたいは、日露戦争の末期からありました）。

国内の各自転車メーカーともに、大増産に励んだ結果、価格は、輸入車の半額程度に下がったそうです。

1920年（大正9年）、世界大戦後の反動不況がやってきました。翌年にかけて、株式も農業も壊滅的な打撃を受けます。

大正10年（1921年）時点で東京府内には、21万5589台の登録自転車が存在しました。その前年に宮田の主力工場は、京浜国道沿いの蒲田に移っています。

同じ大正10年には、今や世界的な自転車部品メーカーとして押しも押されぬ「シマノ」の創業者が、堺市に「島野鐵工所」を立ち上げ、翌年からフリーホイールを生産し始めています。

この頃になると、欧州の工業界が海外販路を再構築して、イギリスやドイツからも東洋市場への自転車輸出が再開されるのですが、宮田は、大連、奉天、上海、天津、漢口、マニラを拠点に、そのシェアを守ったといいます。

経済活動の拡大基調を反映して、大正中期以降の日本国内市場は、重い荷物を運べる「実用自転車」を求めました。この流れはしかし、大正12年の関東大震災で断ち切られます。

震災からの復興事業を契機として、わが国には、とつぜんに、モータリゼーション時代が到来しました。3輪や4輪のトラックが普通にどこでも走り回るようになると、自転車は、物品を輸送する道具とは看做されなくなり、もっぱら人だけを運ぶ商品に変化します。

これは、大正11年に、荷物運搬用の「リヤカー」が市販され始めたこととも関係があるかもしれません。大正4年に10万台あった人力車が、昭和元年には5万台に減っているそうですので、その余剰製造能力が、リヤカーを生んだのかもしれません。

それにしてもリヤカーの登場がこんなに遅いのは、無動力の荷車や自転車類のことごとくに税金をかけずにはおかなかった、地方自治体の江戸時代風の悪慣行のせいでしょう。こうした不合理な悪税が昭和33年までも放置されて、国民経済の効率化と自国産業の強大化を、みずから阻害することになっているのです。

宮田製作所は、大正13年末に、わが国で初めて、盗難保険付きの自転車を売り出し、大正15年には合資会社となり、昭和2年には、部品も含めて月産4000台の自転車を製造しました。

この頃に、日本の民間工業のポテンシャルは、全陸軍を「自転車化」しようと思えばできるくらいの段階にまで達していたのではないかと、私は思います。昭和5年の蒲田工場の製造能力は、年産20万台であったそうです。

「統制官僚」たちによる《計画経済》――対英米戦争前夜の自転車産業

昭和2年（1927年）、日本国内の自動車は1万3163台。「自動自転車（自動二輪車）」は1862台。自転車は42万6862台が登録されていました。つまり昭和はまったく「自転車の時代」として開幕したのです。ちなみに、人力車も8776台、登録されています。

『宮田製作所七十年史』によれば、昭和初期の日本国内の「実用自転車」の需要は、年に30万台前後もありました。

1927年に金融恐慌が起こり、続いて29年10月24日にニューヨーク株式市場が大暴落して、長い世界恐慌の時代が始まります。

日本では昭和4年の濱口内閣が景気対策に関してまったく無能で、その皺寄せは昭和5年に東北地方の農村を襲います。

米国では1929年以降、農民がトラクター／トラック用のガソリンや本体を買うことができず、馬や騾馬の利用が復活したそうです。

逆に、わが国の岡山県などでは、昭和5年の農業恐慌で、家畜をとても保てなくなり、また富農も小作人を雇えなくなって、耕耘機が普及し始めています。

昭和6年（1931年）、満洲事変が起きると、宮田には佐世保鎮守府から海軍陸戦隊用の自転車が注文されたそうです。事変が上海まで飛び火するのは時間の問題で、上海租界の警備の担当は海軍だったからです。

この頃、日本国内は大不況で、自転車はダンピング価格で販売されていました。

昭和7年1月には、宮田製作所は陸軍航空本部から「91式戦闘機」の車輪を製造してくれと打診され、蒲田工場の遊休能力をそこに活用することになりました。この工場は陸軍の要求により、昭和10年以降、飛行機部品専用となり、宮田は、大喜多などの他の工場で、自転車部品を増産しました。

昭和9年度において、日本国内には、人口9・8人につき1台の自転車が存在しました。

昭和10年の東京府内には、自転車が86万1295台、登録されていました。

日本の自転車産業は、昭和11年に、初めて年間生産数が100万台を越えます。昭和6年に55万2000台であったどん底から、大復活したのです。

警視庁が全派出所に自転車を備え付けおわった昭和12年には、わが国の総輸出額の0・79%を自転車（完成品と部品）が占めているそうです。

そして大蔵省の『通関統計』によれば、昭和12年の機械輸出ぜんたいに占める「自転車・部分品・付属品」の金額割合は16・18%で、それは、汽船、鉄道車両、自動車、紡績機などを上回る第一位でした。

日本の自転車メーカーは、昭和12年に製造した自転車の半分を輸出しています。その輸出総額の40・2%が中国向けでした。中国側から見ると、自転車総輸入量の90%が日本製品だったのです。

そこで宮田製作所も同年には、大阪に新工場を建設して、そこからもっと自転車を輸出してやろうという計画だったのでしたが、突然に日中戦争（支那事変）が勃発してしまい、しかもそれが翌年も決着しないで泥沼の長期戦となる過程で、日本国内には「統制経済」の波が押し寄せてきます。

まず昭和13年に国会に第1次近衛内閣が提出した「国家総動員法」が可決成立し、5月から施行となりました。

これは国内の民間メーカーが何をどのくらい生産するかを、すべて軍需本位に政府が指図できるようにする法律で、さっそく13年6月には「鉄鋼配給統制規則」が公布され、7月以降、鉄材は「割当」になります。同月、商工省は、省令や告示によって、ゴムの使用制限や配給も統制し始めました（昭和14年時点で、生ゴム1トンから、26インチの自転車タイヤを4000本、造ることができたそうです。つまり250グラムで1本です）。

政府も陸軍も、自転車を「兵器」とは見ておらず、平時の「三分の一」しか鉄材を回してくれません。メーカーが、自転車フレームなどの鉄部品をもっと増産したくても、原材料の配給量が絞られてしまっては、思うようにはできません。陸軍省は自転車メーカーに対し、工場の設備を航空機部品や砲弾の製造ラインへ転換するように要求します。

9月には「自転車及同部品配給統制規則」が公布され、工場で製造することのできた製品の売り先までも、政府がいちいち口を出すようになります。

昭和14年1月発行の『サンデー毎日』の記事によると、日本内地の自転車1ヵ年の需要は100万台だと政府が勝手に決めています。そしてこの年に95万台がじっさいに製造されました。これが「統制経済＝計画経済」なのです。

昭和14年には、自転車の製品価格も「統制」されました。政府が命令で売値を決めてしまうのです。

とうとう昭和15年10月には、もはや自転車は国内で自由販売することができなくなりました。陸海軍に直納する物以外は、政府が監督する「配給ルート」に流すしかなくなったのです。

その時点では、町の自転車店の従業員たちも、多くが軍隊に充員召集、もしくは徴兵されています。

昭和16年4月、やはり国家総動員法にもとづいた「機械鉄鋼製造工業整備要綱」に基づき、全国1348軒の自転車および部品製造業者は、113軒に統合されることになりました。

支那事変中、日本国内では自動車用のガソリンも、まっさきに統制品指定されています。たとえばトラックを保有している運送会社は、ガソリンが満足に配給されないために、商売が続けられません。そのため「荷馬車」の需要が急増し、車大工が大繁盛となったそうです。もしも日本政府に、自転車の増産によって国内物流のネックを緩和するという着眼があれば、それは民需用のガソリンの節約にもつながったかもしれません。

宮田製作所は、昭和14年に「重運搬車」を発売しています。30貫（115kg）を集荷してもビクともしない自転車でした。自動車もガソリンも統制された戦時下に、国民が需要したのはこういう自転車でしたが、政府はその切実な必要を顧みません。

マレー電撃戦の前夜

東條内閣が対英米蘭開戦を決意する昭和16年には、陸軍は、将来の南方作戦を念頭して、兵器としての自転車を国内メーカーに発注しています。

宮田製作所は、陸軍兵器本部からの依頼で「新折畳式自転車」を製作・納入しました。それは落下傘部隊用で、強度が重視され、25kgあったそうです（これはイタリアのビアンキ製のコピーではなく英国BSA社製品のコピーではなかったかと私は直感するのですが、証拠はありません。ビアンキについては第6章をごらんください）。

並行して陸軍は、すでに民間に売られているオートバイを徴用し始めました。それを売ったメーカーが、あらためて客から買戻し、再整備して軍へ納入しろ、というわけです。宮田は、175cc.のオートバイを150台、および、200cc.のオートバイを20台、そのようにして市中から回収します。それらは、マレー半島やジャワ島での初期作戦に活用されたそうです。

東南アジアは、平時の輸出先市場でもありましたので、宮田は各地に社員を常駐させていました。昭和14年末にはオランダ領東インドに1名。昭和15年9月にはシンガポール。昭和16年7月に、仏領インドシナをめぐる日仏防衛協定が成立すると、ハノイにも1名を派遣しています。

対英米蘭開戦前夜の昭和16年度に、日本国内では、836万1000台の自転車が、課税対象になっていました。陸海軍の保有数はこの中に入っておらず、その数量は不明です。

また同年、日本国内では18万5000台の自転車が、新たに製造されています。

ゴムが無いとか鉄が無いとか言っても、輸送機械なしで国内経済はどうにも回らなかったでしょう。

ただ、戦前のわが国においては、自転車工業の生ゴム消費量は、自動車工業の生ゴム消費量の69%にも達していたそうですから、航空機の大増産が号令されるようになりますと、有限な材料のやりくりの必要上、自転車の製造数を抑制させるのが早道だと、産業動員計画者が考えたとしても、無理はなかったかもしれません。

開戦劈頭の南方進攻作戦と自転車

1940年の5月に欧州でドイツがオランダ本国を占領してしまいますと、蘭領東インド（戦後のインドネシア）の石油資源をドイツに取られてしまうのではないかと、日本の軍部は心配になりました。

他方、極東でマレー半島やボルネオ島西部（今のブルネイも含む）を支配していた英国は、本土防空に成功してドイツに屈服せず、そのうちに1年が過ぎます。

当時、日本陸軍の戦闘機の航続距離が短かかった関係で、もしもスマトラ島やボルネオ島の油田地帯を日本軍が武力で占領したいのなら、その前に、どうしてもシンガポールを踏み台の基地として確保しないわけにはいかないと信じられていました。

そのシンガポールを攻略するためには、インドシナ半島の南端部に、あらかじめ航空基地を確保しておく必要があったのです。露骨にそれを狙ったのが1941年7月下旬の「南部仏印進駐」です。さすがに米国政府にその意図は見透かされて、日本は米英蘭から、全面的な経済制裁を受けました。

軍艦や飛行機を動かす燃料のストックが尽きてしまう前になんとかしたいと海軍も思うようになり、9月の御前会議で日本政府は、対英米蘭の開戦計画をスタートさせます。

ちょうどその頃（昭和16年春）、たまたま台湾軍司令部附に左遷されていた気鋭の陸軍エリート参謀・辻政信中佐が、《南部タイからシンガポールまでの約1000㎞を、馬を捨てた陸軍部隊が、自動車と自転車だけで急進撃することは可能か》という研究を、6月下旬に海南島の道路を使って実験し、それは可能だという手ごたえを得ます。

なぜ地上機動をわざわざ南部タイという遠いところからスタートする必要があるかというと、陸軍の「隼」戦闘機の航続距離では、マレー半島の南部にいきなり陸軍部隊を上陸させようとしても、南部仏印の航空基地からそこまでエア・カバーが届かず、輸送船団が沖合いで全滅させられてしまうと心配されたからです。南部タイの海岸までなら、陸軍戦闘機による上空掩護は可能になる計算でした。

また、進攻に投ずる師団の馬編制を「自動車と自転車」編制に転換しようとしたのは、熱帯の海を何週間もかけて南下する輸送船の下層デッキの中で、馬は暑さに堪えられず死んでしまうだろうと懸念されたためでした。

敗戦後の昭和27年に辻自身が著した回想録の『シンガポール攻略』によりますと、支那大陸で数年間戦っていた第5師団（広島）と第18師団（久留米）を、自動車＋自転車編制に急遽、転換させることにしました。

歩兵1個連隊には50両くらいのトラックを配して、重機関銃（7・7ミリ）、大隊砲（70ミリ）、連隊砲（75ミリ）、速射砲（37ミリ）とそれらの弾薬は、トラックに積みます。師団の砲兵と輜重隊は、完全にトラックで移動できるようにはからいました。

残るのは歩兵や工兵たちです。トラックが足らなくて乗車をさせられない全員に、自転車を1台ずつ与えることにします。

その自転車をどこからいかにして掻き集めたのかについては、一言の説明もないのですが、中国大陸の港近くの町で、どうにかして乗船のまぎわに揃えるほか、なかったでしょう。

その結果、第5師団と第18師団は、それぞれ師団内に500台くらいの自動車と、6000台くらいの自転車をともなうことになったそうです。その準備が一段落したのが、開戦の2ヵ月前……。

辻は、マレー半島の地理についても、自著の中で解説しています。延々と続く舗装された縦貫道路に沿って、その両側の1㎞ほどが、プランテーションのゴム林にされていました。ゴム林の中は部隊がまとまって機動する余地もありますが、それより外側に出れば、歩兵の移動すら不自由で、大人数の自活はとうてい不可能な、天然ジャングルです。

敵（多くのインド兵たちを英国将校が指揮していたほか、豪州軍部隊もいました）は、日本軍が片翼迂回をして後方へ浸透しますと、包囲されるのを恐れ、守備位置を捨ててジャングル内へ遁入するものの、そこにはまったく食い物がないため、じきに投降してきました。

英軍は、無数の河川にかかる橋を徹底的に破壊することで、縦貫道路を追撃南下する日本軍から間合いを取り、時間を稼げると思っていました。

ところが、辻の考えた編成だと、それはむしろ英軍側に不利になるのです。

自転車部隊は、橋が壊されている河川を、その自転車を肩に担いで渡渉し、追撃速度を鈍らせません。確保した渡渉点には、工兵が材木資材を積んだトラックですぐに追及し、破壊されている橋梁を修理し、そこから戦車や砲兵が渡河しました。

かたや英軍は、破壊されている橋の手前でトラックをすべて棄てて、徒歩で退却を続行するしかありません。なまじ、全部隊が自動車編制であったために、自転車の用意などありません。日本軍はますます鹵獲品によって「自動車化」し、英軍は半島南端のジョホール水道まで、日本軍から間合いを取ることができなくなったのです。

生ゴムの自転車チューブは頻繁にパンクしたが、大きな問題にならなかった

辻の回想によれば、日本軍の歩兵部隊は、重さ8貫から10貫の個人装具を自転車の尻につけ、小銃や軽機関銃を背中に担いで、1日に20時間も走る場合がありました。

そしてどうやら、自転車はあらかじめ輸送船に積み込んであったものを最後まで乗り通したわけではなく、故障する都度、それを乗り捨てて、現地の村々で代替の自転車を補充徴発しながら、南下をしたようです。

戦前、日本製の安い自転車の部品が、英国「Raleighs」および「BSA」製自転車の補修用として、現地の住民たちによく買われていて、どの村でも、半分日本製のような多くの自転車がみつかりました。日本製の自転車も英国製の自転車もよく壊れました。けれども、それを補う押収量がありま

マレー電撃戦のイメージ・イラスト（Powerd by DALL-E3 with Y.I.）

した。

マレー半島は、辻の自転車機動作戦にとってては、例外的に好条件が揃った土地だったようです。

しかしタイヤは、やたらにパンクしたようです。英国式の「虫ゴム」は老化が早く、バルブからよく空気が抜けたともいいます。

各中隊に、2名からなる自転車修理班――その中にはあるいは自転車商が本業の軍属も混じっていたでしょう――が同行し、1日平均20台を修理したそうですが、とうていそれでは間に合わず、乗り手が急いでいるときには、ゴムタイヤを外してしまって鉄リムのみで走る場合もありました。縦貫道路が舗装されていたために、それでなんとかなったのです。ただし、鉄リム走行の騒音は、公害レベルでした。

敵陣地に近くなると、歩兵中隊は、すべての自転車を数名の監視兵に委ねて、徒歩機動に移りました。ちなみに戦間期のドイツの教範では、敵の機関銃のタマが届く少し手前まで来たら、歩兵は自転車を捨てることにしていました。

その当面の敵が敗走しますと、自転車預かり係の兵は、近くの住民を数十人雇い、すべての自転車を、中隊の次の集合地点まで前送したのです。

辻によれば、南タイに上陸いらい55日間で、陸上を1100km走破してジョホール水道まで到達したそうです。それは東京から下関の距離と同じくらいでした。1日の平均前進距離は20kmで、毎日2回ずつ敵兵と交戦し、毎日4～5箇所の橋を修理したそうです。

もはやれっきとした「電撃戦」であったと評してさしつかえないでしょう。戦車の前を自転車に進ませて成功した、このコンビネーションのユニークさを、ジム・フィッツパトリックも特筆しています。

開戦時に「第25軍参謀（作戦主任）」であった辻政信中佐は、シンガポール攻略のためだけに自転車の活用法を研究したようです。南方油田を確保する戦争の第一段階作戦が成功裡に終ると、辻は、大本営の参謀本部作戦班長（昭和17年3月～）になり、そのあと、ガダルカナルがまずいことになってきた9月25日に、ラバウルの「第17軍」に大本営参謀の身分のまま単身派遣されることが慌しく決まっています。

しかしそのタイミングから彼が現地部隊のためにできたことは、とくになかったようです。マレー進攻作戦での自転車活用は、辻参謀の事前の周到な準備と元気旺盛な現地指導なしには不可能で、多分に属人的な成功でした。そのあと、自転車について事前に研究した人が中心にいないところで立てられたすべての作戦の計画に、自転車が顧みられる余地はなかったのです。

「銀輪部隊」のディテール──岩畔豪雄による証言

開戦劈頭のマレー進攻作戦には、輸送船で海岸に上陸した部隊とは別に、南部仏印から鉄道で行けるところまで移動して、そこから自転車による半島南下作戦を開始した部隊も加わっています。

岩畔豪雄(いわくろひでお)大佐が指揮をとった「近衛歩兵第5連隊」がそれです。

岩畔は昭和31年にその電撃戦を回顧して『シンガポール総攻撃』という本に書いています。以下に、ポイントを紹介しましょう。

昭和16年12月8日開戦前夜、「近衛歩兵第5連隊」は、トラックなどの自動車を2000両余、もっていたのですが、タイの南部（シャム湾とアンダマン海の間の地峡部）には、南北を縦貫する自動車道路がありません。それで、トラック等もすべて、鉄道貨車に積んで、北緯4度35分の「イポー」まで南下します。着いたのが昭和17年1月9日で、休む間もなく「自転車の徴発にとりかかった」そうです。

1月10日の朝7時にイポーから行軍開始したときは、「どの自動貨車を見ても、徴発自転車が山のように積まれてい」ました。トラックは十分にあり、まだ、自転車に頼る必要がなかったのです。

マレー要図（Googleマップを基に筆者作成）

11日、休憩していたとき、師団から正式に、そこから先は自転車編成に改変すべしとの命令を受けたので、岩畔は困りました。

イポーで数だけ集めた自転車は、チェーンの切れたものや、機関銃や歩兵砲を載せると、たちまちパンクするような代物が含まれていたからです。

この記述から、重火器である歩兵砲を自転車で運んだことがわかります。もちろん、砲車のパーツを分載したのでしょう。「92式歩兵砲」だとしたら、放列砲車重量が204kg、砲身＋

閉鎖機だけでも46kgありました。

自転車を再徴発できる村は、近くになかったため、部隊の素人修理工多数が、カニバリズム整備を実施しました。すなわち、第2大隊の自転車を《部品取り》用に犠牲とし、その代わりに第1大隊と第3大隊の自転車は完整させ、第2大隊は、自動車編成のままで、あとから追及をさせたのです。ただし中隊によっては、2個小隊が自転車で、1個小隊は徒歩にするしかありませんでした。

焚き火のあかりを頼りとして、自転車は12日の午前2時までかけて整備され、すぐに出発。続々と故障車が出ますが、それは落伍するにまかせて、動ける自転車だけで猛進を続けました。

クアラルンプールの少し北、ラワンの手前で、自転車隊は、第5師団の大縦隊を追い抜きます。朝になって点検したところ、どの中隊も、過半数は落伍していました。重機関銃や歩兵砲は、全パーツが揃いませんと戦力になりませんので、やむなくそこで大休止します。

1月12日の正午には、落伍者もだんだん追いついてきたので、正午に出発。ラワンからは、部隊名が「岩畔追撃隊」に変わり、本街道の脇道を南下しました。

ずっと舗装道路なのですが、マレーには波状の丘陵地帯が多く、登り坂を漕ぐときは股がひきつりそうでした。完全武装の姿で自転車を押すのも、たいへんだったといいます。

兵隊たちは、パンクの修理にはすぐに熟練しました。道路脇のプランテーションのゴムの木から取った生ゴム液を、ゴム片に塗り、蝋燭の火で暖めるだけでよかったのです。

部隊は、途中の村で状態のよい自転車があれば、次々にそれに交換徴発して乗り換えました。マレー人は自転車提供に協力的で、華僑は隠しましたが、その隠し場所をマレー人が教えてくれたといいます。

これによって、日に日に、部隊の装備する自転車の状態は良好となり、ついに落伍車はなくなりました。

自転車部隊は、もし橋梁が破壊されていても、工兵隊が丸木橋を架けてくれれば、自転車を担いで丸木橋を渡ることができました。

深くて渡渉ができない広い川も、地元民の小舟があれば、自転車隊は、すみやかに渡河してしまえます。もちろん、渡河は明け方前の夜間に実行するのが基本です。

ゴム林の外側は、湿地帯になっていることがあり、自転車を押して行くと、車輪と車輪覆いのあいだに、練り羊羹のように泥がつまって、難渋しました。

おそらく湿地帯のひろがりの関係で、岩畔隊はジョホールバルを目前にして、いったん自転車を捨てて徒歩部隊となっています。が、ジョホールバル市内では、また自転車を徴発したと思われます。

残念ながら、岩畔連隊長自身が砲弾片で負傷し、シンガポールが陥落する前に病院まで後送されたため、「銀輪部隊」のゴールがどのような感じであったのかのディテールは伝わっていません。

ひとつ言えそうに思いますのは、もし当時、自転車が日本陸軍の歩兵連隊内で正規の装備として官給されていたとしたならば、連隊長といえども一存でそれらを行軍途上の道端に捨てさせてよいのか悩んだはずで、部隊の進退はずいぶん不自由になったでしょう。現地で確実に徴発できて、それを攻勢のゴール前で捨てても構わなかったという気楽さも、成功因であったはずです。

『戦史叢書』が教えてくれる知恵

防衛庁防衛研修所戦史室が昭和41年に公刊した『戦史叢書 マレー進攻作戦』には、自転車についてどのようなことが書かれているでしょうか？

昭和15年12月、大本営の運輸通信長官は、船舶輸送司令官に対し、16年3月までに船舶輸送に関する作戦準備をしろと要求しました。その指示内容として、「船舶に収容する人馬の基準」値があり、兵隊1人は5トン、馬1頭は10トンと計算したことがわかります。人馬数の比は4対1でした。それに加えて、自動貨車（トラック）や自転車なども搭載することが、考えられていました。

マレー進攻作戦に参加する、「第25軍」の直属兵站部隊の中には「手押軽便鉄道隊」×2も含まれていました。

輸送船は、約400隻を準備しました。

インドシナとタイの旧国境には、16kmにわたって軌条がありません。そこで、トラック用エンジンを搭載した「装甲軌道車」が、鉄輪をゴム輪に切り替えて路盤上を通過し、同時に鉄道部隊の主力が、軌条を敷設しました。この区間が12月10日に全通したので、近衛師団は、サイゴンからバンコク経由で南タイまで、鉄道で移動できることになったのです。

コタバルに上陸した侘美支隊は、各人、37kg前後の携行量でした。糧食は5日分。足ごしらえは、地下足袋です。

大隊長の指揮連絡用の乗馬と、戦砲隊の輓馬、各砲2頭を、せっかく上陸させたのですが、ほとんど使いませんでした。一方で、偵察に使おうとした自転車は、船への積載を許されませんでした。若干のリヤカーだけがあったので、それで通信器材、弾薬、火砲、糧食資材を運搬させたそうです。このネックのため、第一線の重火器が使える弾薬が、きわめてわずかなものになってしまいました。

シンゴラに上陸した第5師団は、自転車を輸送船に積んでいました。上陸計画骨子の中で、最初の24時間くらいで自転車、自動車、軍需品、隊に属する貨物の全部を揚陸する方針が決められていました。

シンゴラに上陸した佐伯捜索連隊は、第一回上陸のさい、波が荒くて自動車の揚陸ができず、現地で手に入れた50台の自転車を先行させて、タイ国境部隊を懐柔することにしました。

パタニ〜ベトン（ここまでタイ領）〜クロウ〜レンゴン道は、降雨によって山道が変貌し、自転車の運行も不可能だった——というのですが、自転車を押して進めないはずはありません。本格研究を事前にしていなかったことが、はしなくも、伝わるように思います。

近衛師団の第4連隊を核とする正木支隊は、列車でヤラー駅（バタニ海岸の内陸にあります）まで前進し、そこから自転車でベトン（イポーに至る半島横断道路の中間点です）を目指しました。彼らはバンコックで列車に乗車していますから、そこで自転車を集めたのではないでしょうか。

昭和17年1月3日からの追撃では、第25軍は、軽徒橋によって各河川を渡河し、自転車を利用してスピードを維持します。破壊された橋梁は、そのあとから工兵隊が修復し、トラックや戦車を通しました。

あとから参加の第18師団（牟田口中将）は、シンゴラに上陸して、陸路、自動車でクルアンを目指します。同師団の輜重兵連隊は、駄馬4個中隊、自動車1個中隊からなっていました。師団主力は、自動貨車が故障続出し、最後尾がアエルヒタム（ジョホールバルの手前）まで到着したのは、1月30日夕方でした。マレー半島内での英軍の抗戦は、その日に終息しています。

牟田口廉也は、マレー半島での自転車の活躍をほとんど見ておらず、それについて何の印象も受けていなかった蓋然性があります。

マレー半島南部の脊梁山系を東から西へ横断しようとした佗美支隊は、昭和17年1月13日から16日にかけ、マランからメンタカブに通ずる区間で、ジャングルの伐開が必要でした。大木と、蔦葛がからみあうジャングルの先頭を進む作業隊とそれに続く部隊は、自転車をすべて捨てたそうです。

ここで問題になったのは、天然ゴム製チューブのパンクだったでしょう。当時のゴムのタイヤでは、切り株でパンクが続出したでしょう。日本軍が事前によく研究していたなら、そのような真のジャングル道では、ソリッドゴムや、木輪鉄帯の車輪を準備することも、考えられたのではないかと思います。

ジム・フィッツパトリックは『The Bicycle in Wartime』の中でこう書いています。

――1939年11月にチャーチルは閣僚に語った。シンガポールは5万人の兵力で包囲しないと陥落しないだろう。それだけの大軍の輸送は、英海軍が途中で妨害できるだろう、と。だが、1941年12月、戦艦『プリンスオブウェールズ』と『レパルス』が撃沈されてから68日後、シンガポールは、3万5000人の日本兵によって、陥落した。これは軍事史上、意図的に、最も集中的に自転車を投入した作戦例である――。

チャーチルは第1次大戦前の1908年に、《私の経験から言えるが、自転車は1日に25マイルから30マイル移動できる。それでウガンダはカバーできる》と書いていたほどのサイクリストだったのですが、自転車が槍の穂先となって、自動車がそれに続く、戦間期のイタリア自転車連隊式の電撃戦構想を日本軍が実現するとは、想像の外だったのです。

米政府も自転車関連の物資は統制していた

１９４２年以降、アメリカ合衆国本土でも、軍需品の生産を最優先させるために、連邦政府が多くの民生品を配給品に指定しています。

生産品目の統制にあたったのは、ＷＰＢ（戦時生産委員会）とＯＰＡ（物価統制局）という機関で、42年3月には、子供用の自転車の製造を禁じました。ただし同時に、成人用の自転車は、生産量を3倍にさせています。モデルを1種類に限ったうえで、年産75万６０００台までのその製造をゆるしたのです。

これは、労働者の通勤に自転車を使わせ、ガソリンの省エネを誘導するためでした。

米本土では、石油を極力節約するために、戦争中の陸海軍需品の90％、軍隊の97％を、鉄道によって輸送しました。また、西海岸から東海岸までの石油輸送にも、鉄道のタンク列車が主に用いられたのです（辻圭吉『米国鉄道歴史物語』昭和61年刊）。

ＷＰＢは自転車の売り先についても指導し、軍需工業の労働者と、エッセンシャルワーカーに優先購入権を割り振っています。

米国政府の経済統制は機動的でした。１９４２年8月にＷＰＢは、国内向けに必要な製品と部品はもう行き渡ったとして、すべての自転車の製造を禁じます。しかし44年10月になりますと、OPAは自転車の配給統制を解除しました。そして45年5月22日にWPBは、自転車、芝刈り機、蝿叩き、カーペットクリーナーの製造を解禁しています。

米国人はしかし、日本の降伏と同時に、自転車のことなどサッと忘れてしまったそうです。いきなり、自動車とハイウェイの黄金時代が開幕したからです。

国内自転車メーカーの南方占領地サービス

対英米蘭開戦と同時に、南方に赴任していた日本の自転車メーカーの販売担当社員らは、いったん内地まで引き揚げた場合が多かったようです。日本軍の第一段階作戦が落ち着いた昭和17年5月以降、彼らの出張先復帰が始まります。

直後に、陸軍兵器行政本部から、前線地区における自転車修理工場の設営と技術者派遣を、宮田製作所は命ぜられています。

「銀輪部隊」は、マレー作戦とジャワ作戦でニュースになりました。そこで使われた自転車の修理調整と、その再補給をするために、マレー半島およびインドネシアの占領地に、宮田が工場を造れというわけです。

こうして、接収されている現地既設工場を利用した「野戦兵器廠所属自転車工場」が、南方に数ヵ所、立ち上げられました。

派遣員はすべて軍属として遇され、資材、部品、糧秣は、陸軍から支給されたそうです。

終戦の直前に、これらの海外工場は、兵器廠から切り離されて、軍政部監督下の民間会社委託経営となったそうです。

対米戦争後半の内地自転車事情

昭和18年になりますと、国内では自転車製造のための原材料は入手不可能になりました。それでも7万台が製造されています。

昭和18年10月には、「統制会社令」という勅令（ただし昭和13年の国家総動員法に根拠がある）が出されて、商工大臣の命令により、大阪や堺に200社もあった自転車関連工場が、二十余の企業体に統合されます。

これ以前の民間企業の社長や役員は、統制経済下であっても、まず株主に対して責任を持っていたものでしたが、18年10月以後は、指定されたメーカーは、直接、国家の要請にこたえる義務を負わされました。

昭和18年10月には「軍需会社法」も公布されました。これは航空機の増産に焦点を当てた統制法で、宮田製作所は昭和19年末、陸軍航空本部から、木製の「着陸練習機」（面白いアイテムなのですが説明は割愛）を受注しています。

その一方で同社は、昭和19年においても、千葉県の大多喜工場で、細々と自転車を細々と作っていたそうです。想像しますに、房総半島に点在した陸海軍の飛行場では、広い敷地内の移動に自転車が絶対に必要でしたから、その生産枠は認められていたのではないでしょうか。

その頃、民間で、たまたま召集も徴用もまぬがれていた自転車店主たちは、まったく売るモノが無いため、「修理」で細々とたつきを保っていたそうです。

（財）自転車産業振興協会編『自転車の一世紀──日本自転車産業史』（昭和48年刊）が載せている表から、対米英戦争中の完成車の生産数量を引用すれば、次のようでした。

1941年　18万5000台。このなかから5万台の完成車を輸出しています。
1942年　18万1000台。
1943年　7万台。
1944年　6万5000台。

1945年　1万8000台。

右の表には、「年次」と書いてあって、「年度」とは書いてありません。

次に、日本国内の自転車保有台数も見ましょう。これは課税台数ですので、軍や官公署の分は含まれていないかもしれません。

昭和16年度は、836万1000台。
昭和17年度は、861万8000台。
昭和18年度は、861万3000台。
昭和19年度は、855万6000台。
昭和20年度は、568万6000台。
昭和21年度は、657万6000台。

終戦直後の自転車メーカーの製造設備は、戦前ピークと比較すれば20％しか残っていなかったそうです。自転車タイヤ工場は58％が空襲に生き残りました。

なにしろすぐにも食糧を増産しませんと国民の生死にかかわるというので、農村部における自転車の需要は、敗戦直後から爆増です。

しかし戦後もしばらくは、生ゴムとゴム製品が、貴金属並に稀少でした。GHQが輸入量を制限したからです。

今のように軽い自転車は、昭和24年頃の英国製が先鞭をつけたそうです。フレームは特殊鋼管。ギヤ歯はプレス打抜き。クランク軸は冷間鍛造でした。

日本国内の自転車メーカーは、こうした最新技術について行けなければ世界市場を永久に奪われてしまうという危機感を抱いて、昭和25年から数年間、技術研究に振興資金を投入します。その努力が報われていることは、今日の日本メーカーの世界市場での地位が、示しているでしょう。

余談ですが、タイヤのリム部を両脇からゴムで締め付ける制動器「キャリパー・ブレーキ」が、国産の自転車に導入されるのも、戦後なのです。

終戦直後の自転車事情

昭和20年夏までの、爆撃や艦砲射撃などによる日本国内の工場被害は、自転車製造設備の場合、50％にのぼりました。

国内に残存した市中の自転車は、すべてが老朽品となり、大半がタイヤのゴムチューブが無く、代わりに、鉄リムに縄や「古ホース」を巻いていた物もありました。

不幸中の救いと言うべきは、戦後は「時価」ならば、闇で何でも手に入れられるようになったことです。焼け残りの中古自転車を７００円で引き取り、自転車店にてそれを簡単に整備すると、即日、1万円で買い手がついたそうです。

かつては《商店の小僧の乗物だ》と軽視されていた自転車でしたが、いまや人々は、こんなに便利な道具であったかと、しみじみ認識しました。

戦争中「厚生車」等と称されていた、自転車牽引式の人力車は、終戦直後には「輪タク」とよばれるようになりました（まぎらわしいのですが、払い下げ車両改造のバスなどのことを「更生車」と呼んだ時期が戦後一時、あります）。

昭和21年の国鉄は、戦前の半分しか列車を走らせられない有様でした。しかるに、復員と引き揚げで、国内の輸送旅客は3倍です。この国内交通運輸上の難局は、自転車なくしては、乗り切れなかったはずです。

昭和21年度上期には、リヤカーの需要がとくに大きかったといいます。まだ、すべては配給でした。

占領軍は、自転車、漁船、小型船について、いずれもポツダム宣言の「戦争のための再軍備をなすことを得せしむべき産業」ではないと認めてくれましたので、旧軍需工場に残っていた工作機械、それを扱える高度技術者、ジュラルミン資材、鉄鋼のストックなどを活用すべく、戦前に自転車メーカーではなかったいくつもの企業が、一斉に、自転車業界に参入しました。

これら「転換メーカー」の多くは、1950年6月勃発の朝鮮特需をきっかけに「再転換」して行くのですが、今の「ブリジストンサイクル（株）」のように、残ってブランドを築き上げた会社も複数あることは、ご案内の通りです。

第4章 「東部ニューギニア」と「ガダルカナル」の悪戦を、自転車は変えられたか？

なぜオーエンスタンレー山脈を歩いて越えようとしたか？

オーストラリアの東海岸にあるブリスベーン市と、本州の東京の、ちょうど中間の距離に、ミクロネシア諸島のトラック環礁があります。

戦前の日本海軍は、日本の委任統治領だったこのトラック島の泊地を、内南洋からさらに南東方面海域へ水上艦隊が睨みを利かせるのに屈強の前線根拠地だと着目していて、陸上設備を整えていました。

昭和16年12月に、対英米蘭戦争が開始されますと、帝国海軍は、トラック島泊地が米軍の「B-17」重爆撃機による空襲を受けないようにするための「陣取り」に乗り出します。トラック島から1200㎞ほど南方にあるニューブリテン島のラバウルに所在した、豪州政府の建設した飛行場を、基地城下町ごと占領したのはそのためでした。

しかしこんどは、そのラバウルが空襲されるリスクが気がかりになるのです。近くに横たわる巨大なニューギニア島の北岸には、連合軍が戦闘機用の航空基地を点々と置いていました。さらに、豪州北岸と、それら前線の飛行場との中継地として、ニューギニア島南岸の珊瑚海に面したポートモレスビーの航空基地が拡張工事中であることを、日本軍は偵知していました。その位置はラバウルから南に800㎞ほどでした。

日本の大本営は、このポートモレスビーを日本の最前線基地として占領してやろうと思い立つのです。

占領する手順としていちばんまっとうなのは、輸送船団を編成し、味方の戦闘機でエア・カバーしながら、それをニューギニア島の南岸まで回り込ませて陸軍部隊を上陸させることでした。

が、昭和17年5月の珊瑚海海戦で米空母艦隊のあなどれない実力を思い知らされた大本営は、輸送船も駆逐艦も数が逼迫していたことから、この計画は諦めます。海上の十分な制空権がなければ、艦船は昼間に安全に行動ができない時代になっていました。

ポートモレスビーの陸路攻略作戦は、このブナ泊地からスタートした。日本軍が輸送船と海岸の間のシャトルに使った大発動艇が遺棄されている。(写真／worldwarphotos)

しかるに、翌6月のミッドウェー海戦で、日本海軍がたのみとした正規空母の4隻がいちどに失われたとわかりますと、南東方面に関してそれまで消極基調であった日本陸軍上層の眼の色が変わります。もはや対米戦は海軍には任せてはおけなくなったと信じられ、陸軍ができるだけの作戦をしなければならない、と思いなおされたのです。

かくして、ソロモン海に面したニューギニア島北岸の「ブナ」に、まずエア・カバーなしで夜間に5000人ほどの歩兵部隊を上陸させてやり、その歩兵が陸路、ジャングルと大山脈を片道360㎞ほど歩き、ニューギニア島の南の海岸まで到達し、ポートモレスビーを攻略するという、無理の多い「ひよどり越え」式の遠征作戦が、敢えて検討され始めます。

東部ニューギニアの東西方向によこたわった脊

梁山系を、オーエンスタンレー山脈と呼びます。

最高峰がエドワード山とヴィクトリア山で、いずれも標高4100m。赤道のすぐ南側だというのに、頂上は万年雪の銀世界でした。

この2つのピークの間で標高2000m近い峠を越えることができれば、最短里程でポートモレスビーまで到達できそうでした。といっても地図上の直線距離でも170km、じっさいに現地で歩かねばならぬ道のりは360kmになるだろうと予想されました。

そんな作戦を担任することになったのが、堀井富太郎少将（非陸大。昭和17年11月にニューギニアで戦死）が指揮する5000人規模の「南海支隊」です。南海支隊は、四国の歩兵第55師団のなかの、歩兵第144連隊が基幹でした。初戦でラバウルを攻略し、そのままラバウルにとどまって、次の作戦命令を待っていたのです。

南海支隊の上級組織は「第17軍」といい、南海支隊よりもずっと遅く、昭和17年5月に、東京で司令部が新編されています（6月15日に、司令部はミンダナオ島のダバオへ前進）。

この第17軍が、管理事務所のようなまったくの寄せ集めで、独自の作戦をしようにもあちこち分散した「支隊」や海軍を頼むほかになく、司令部には後方関係の各部もありませんでした。

しかも、陸路でのポートモレスビー攻略について研究するように言われたのが6月12日。正式の攻略命令を大本営陸軍部から受けたのが7月11日です。現地の地図すらさいしょは満足なものがありません。これではとうてい《自転車を活用して補給のネックを解決しよう》などといった着眼を練る時間の余裕も、ありはしなかったでしょう。

東部ニューギニアの道無き山脈に「プッシュバイク」は通用したか？

第17軍は当初、ダバオに位置した「青葉支隊」（仙台の歩兵第4連隊を基幹とするユニット）に陸路のポートモレスビー攻略を担当させるつもりでした。が、動かせる輸送船がもはや1隻しかないことがわかって、初案は棄却。

消去法で、東部ニューギニアにいちばん近いラバウルに在った南海支隊に行ってもらうしかないと考えられ、急遽、南海支隊に作戦研究を命じます。もともと海路でポートモレスビー攻略を実施する心組みであった南海支隊の方では、陸路ではどうにもならないと独自に判断ができました。

南海支隊長と参謀は昭和17年6月30日にダバオに飛び、どうして陸路でのポートモレスビー攻略など試みるべきではないかを、軍司令官（百武晴吉中将）に説明しました。

『戦史叢書 南太平洋陸軍作戦〈1〉ポートモレスビー・ガ島初期作戦』（昭和43年刊）によれば、そ

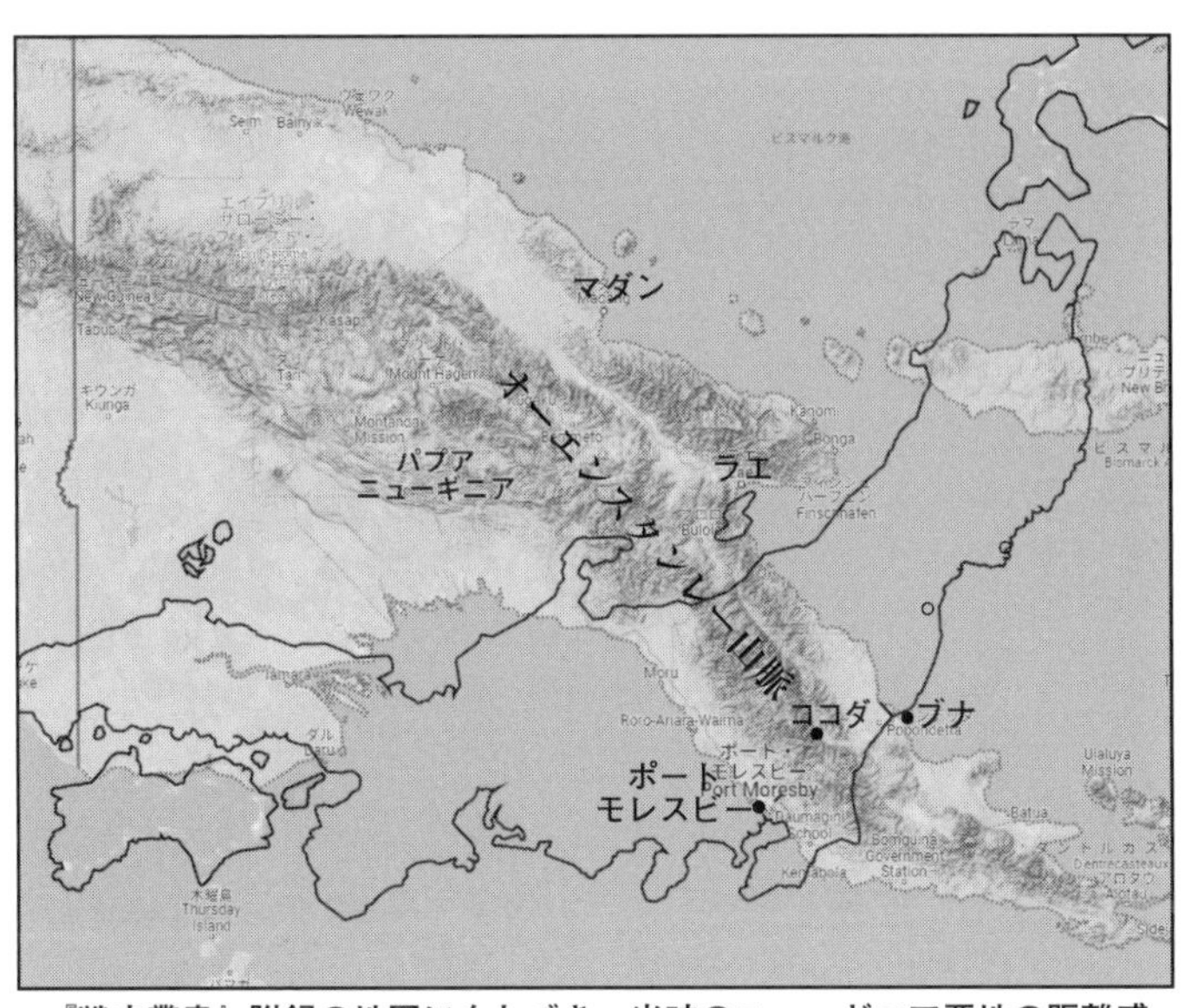

『戦史叢書』附録の地図にもとづき、当時のニューギニア要地の距離感を、同一縮尺の日本地図と重ねて示す。ブナからポートモレスビーまでは、直線距離としては、福島県いわき市と東京都庁くらいであった。
（筆者作成）

の判断は補給の計算から常識的に導き出されています。

オーエンスタンレー山脈の北麓に位置した、登山口ともいうべきベースキャンプが、標高４００ｍの「ココダ」という村です。

ブナに上陸した歩兵部隊は、まずココダを目指さねばなりません。図上路程で１００㎞、現地で実際に歩かねばならぬ道のりは１６０㎞でしょう。

ココダからポートモレスビーまでは、同縮尺の日本地図を重ねますと、だいたい「八雲～函館」と同じくらいの直線距離で、70㎞ほどでしょうか。しかし図上路程では１２０㎞くらいあり、その実際の踏破経路は２００㎞になるだろうと思われました。深い谷を連続して越えて進む必要があったためです。

１６０㎞に２００㎞を加えると３６０㎞です。

支隊の幕僚たちは、人力担送だけで糧食その他を敵陣の手前の中間キャンプに蓄積しようとすると、どうなるのかを、試算しています。

主食の日量を、1人６００グラム（4合）とし、給養が必要な第一線の兵員を５０００人としますと、支隊の補給日量は3トンです。

徒歩の担送人1名が背負って運搬し得る主食の量は、25㎏です。それで山道を行った場合、1日に進み得るのは20㎞でしょう（参考までに、日清戦争では、普通行軍は22㎞／日としていました。5里強を12時間で進むわけです）。毎日歩けば18日で３６０㎞となりますが、敵は稜線の向こう側で陣地を構えて防御しているわけですから、ハイキングのようには行きません。

ブナを起点として、オーエンスタンレーの鞍部付近まで２００㎞。まずそこに、支隊が暫時滞留可能な中間キャンプを設営する必要があります。しかしそのキャンプまで、担送人が往復するにも、20日を要するでしょう。

25㎏を背負って出発する担送人自身の、20日間の消費量12㎏を控除しますと、1担送人が中間キャンプへ交付し得る主食は13㎏です。

ということは、支隊の補給日量である3トンを確保するためには、連日２３０人の担送兵員が、中間キャンプに到達する必要があります。その必要人数は4600人にもなってしまいます。

さらに、ポートモレスビーの直前の地点にも、支隊が最終キャンプを設営するとなったら、担送人の所要人数は、主食だけでも3万2000人も必要です。

これに加えて、弾薬その他の補給もしなくてはならないのです。

どうしてもこの作戦をやれということなら、ブナからココダまで、できればさらにそこからスタンレー山系脊梁に延びる小径の可能な地点まで、トラックが通れる「自動車道」を、橋梁の架設も含めて改修工事する必要があり、もしそれが無理でも、馬や人が荷車を曳いて通れる「輜重車道」はせめて整備することが、大前提だ——という認識が、すり合わされました。ココダから山脈の分水嶺までは30㎞ありました。

第17軍は、その道路工事をさせることにします。

昭和17年7月の後半、独立工兵連隊ほかの先遣部隊が現地に入って、ココダまでの道を広げ、併せて、南海支隊主力がココダを8月下旬に進発できるように、ココダに主食20トン、副食物50トン、馬糧80トン、そして住民労務者用の糧食16トンを事前集積させるよう、手配が進められました。

8月、南海支隊は数次に分かれてラバウルから輸送船に搭乗し、東部ニューギニア北岸の「ブナ」の近くに逐次に上陸します。味方機による十分なエア・カバーは期待できないので、輸送船は、日没時に泊地に進入し、払暁までに素早く揚陸作業を終らせて、岸から離れ去る必要がありました。さもないと連合軍機に見つかって空襲されるからです。

上陸した各兵は、糧食16日分を背負っていました。歩兵部隊は、たとえば対戦車兵器を「テナカ瓶」（手投げ火焔瓶）だけにして、軽快化を図っています。

ここでも空想をしてみます。もし、荷重100kgに耐えられる「プッシュバイク」――1954年にベトミンが使った、押して歩く自転車の半分の強度の粗製品――を5000台、貨物船か敷設艦等を使ってラバウルに集め、それを南海支隊の主力といっしょに、ブナへ揚陸できたとします（かきあつめたボロ自転車の修繕や再合成のために、敷設艦『津軽』内の工作機械類が使えた、と仮定）。

1台のプッシュバイクには、ココダに届けて蓄積するための部隊用の兵糧を80kgと、自転車を押して歩く兵隊が自身で消費する分の糧食と自衛火器を、いっしょに積んで、移動できたでしょう。

道路には、いくつか架橋が必要になるでしょうが、それは丸木橋か狭い吊り橋か、もしくは《ロープ付きの筏》でもよく、道幅の拡幅の必要はありません。だいたい馬や牛は、丸木橋や、高架鉄橋の枕木（谷底が透けて見える）の上を歩いて渡ってはくれません。そんなことができるのはタンデム2輪のプッシュバイクだけなのです。

「駄馬道」よりもさらに簡易な《獣道》ていどが通じていさえすれば、プッシュバイクは前進できます。山の斜面が大雨で崩れて道が急斜面となってしまっても、タンデム2輪のプッシュバイクはトラバースし得ます。とすれば、現地民を土工作業に徴用する必要はほとんどなく、彼らのための糧食の用意も不要でしょう。

南海支隊には当初１００頭の馬が用意され、史実では後からさらに増強されています。それらの馬匹も、省けたでしょう。馬がないなら、馬糧の補給の世話もいりません。輸送船は、馬や馬糧の代わりに、人間用の兵糧と自転車を搭載すればよく、揚陸の作業時間は短縮されたでしょう。すべてが、好都合であるはずです。

ブナからココダまでの道のり１６０㎞の途中、10㎞ごとに「逓送駅」を臨時に設けて、自転車はその1区間を1日で往復するように計画できたでしょう。

ぜんぶで16区間です。上陸から8日目以降は、1区間内のどこかに、常に３００台以上のプッシュバイクが存在することになったでしょう。9日目以降、それらの自転車が半日に1回のペースで、80kgの物資を前へ進めると、ココダには12時間ごとに12トンの物資が集積されたでしょう。上陸から十数日目には、ココダへの70トンの兵糧蓄積は、達成されてしまったでしょう。事前の道路の改修は、ほとんど必要がないので、ポートモレスビー攻略作戦の開始のタイミングは、相当、前倒しできるでしょう。

史実ではどうだったでしょうか。

先遣隊が原住民から聞き出したところでは、ブナからココダまでの間は、空荷で歩いて5日。ココダから、オーエンスタンレー山系の分水嶺までの山道は3日（峠の標高は２０００ｍですから、ココダから高度を1600m稼ぐことになるでしょう）。峠を越えて、また4日、さらに南進すると、ようやく、ポートモレスビーまであと60㎞の線に到達するということがわかりました。

ポートモレスビーには豪州軍の守備兵が2万8000人、待ち構えていました。しかもその敵は、航空機の支援を存分に受けられ、船舶でいくらでも追加の補給が得られる立場なのです。

南海支隊の第一線が持ち運んできた火器と、その弾薬の量を敵と比べて考えてみただけでも、作戦が成功しそうもないことは、もう明らかでした。

たとえば山砲中隊は、運んでいく山砲を1門にし、その75㎜砲弾もわずか200発に制限しないと、人力の担送だけで第一線についていくことはできませんでした。

南海支隊の主力に同行した朝日新聞の特派員記者にによれば、兵隊は、1斗のコメ、小銃、弾薬、手榴弾、円匙もしくは十字鍬、など、あわせて13貫目＝49kgを、樵夫（しょうふ）が使う「おひこ」（梯子状の木枠）に縛り付けてうずたかく背負って、杖をついて歩いたそうです。

92式重機関銃をともなう「機関銃隊」は各人の負担量が尋常ではなく、ひとり分の目方が15貫目＝56kgになっていたそうです。

ふたたび、空想してみましょう。56kgの荷物を背中に担いで山道を歩くためのエネルギーよりも、荷物を120kg自転車にくくりつけて山道を押して行くためのエネルギーのほうが、はるかに少なくて済むはずです。ということは、それだけ、自家消費用の糧食も、食い延ばしが可能になったはず。体力を消耗しすぎてマラリヤその他の病気を発症してしまう兵隊も減ったはずです。また熱病を発症してしまった患者も、豪雨の中で立って寝る必要はなく、自転車／スクーターを簡易寝台に仕立てて横臥することが可能でしょう。このように自転車装備の有無は、ニューギニアでも将兵の生死の明暗を左右する鍵だったはずです。

昭和17年9月14日、南海支隊の第一線が、イオリバイワの敵陣を攻撃中に、攻撃を中止してスタンレー山系の以北に集結するという支隊長の決定がなされました。要するに退却です。イオリバイワは、ココダから7日行程のところにありました。ポートモレスビーからは直線距離で50㎞ほどです。高地の中腹でしたので、夜、遠くのポートモレスビーの町明かりを視認できたそうです。

退却の決心の主因は、糧食が追送されて来ないことでした。9月上旬から、1人1日の定量を1合に減らしていました。それではとても、兵隊の体力はもちません。オーエンスタンレー山系の脊梁付近は標高が2000mに近く、冷たい雨に降られたときに体温を維持するだけでも、十分なカロリーがなくてはなりません。

この時点ではしかし、まだ餓死者はひとりも出していません。ガダルカナル島でもインパールでもそうなのですが、日本軍の攻勢が限界に達するところまでは、餓死者は発生しません。部隊が退却に転じた瞬間から、急に大量の餓死者が出始めます。それは、衰弱した戦友を担いで行ける余力のある者が隊内にほとんどみいだせないため、独歩できぬ患者が「置き去り」にされるからなのです。その

米軍も人力荷車を使った。1944年、東部ニューギニアの航空要衝ホーランジアで弾薬を運ぶ米陸軍部隊。小銃が皆カービンなので、補給専任ユニットなのかもしれない。（写真／worldwarphotos）

さい、敵軍がすぐに追撃して来ると予想されるなら、残留患者は「処置」（毒薬や手榴弾を渡して、敵軍が来る前に各自で自決させる）するように、上級司令部から指導されました。

9月19日、ラバウルにあった第17軍の司令官は、南海支隊はマワイ以北に戻れと正式に命じます。イオリバイワより1日戻った場所です。

9月25日以降に本式の総退却となりましたが、この行程が死屍累々の惨状を呈しました。とっくに糧食ゼロであるため、小山ひとつ越えるのにも、のろのろと身体を動かすことしかできません。次々発生する落伍者を顧みる余裕は誰にもありませんでした。

10月4日に支隊の主力がココダに帰着するまで、さいわいにも豪州軍は尾撃してきません。しかし、衰弱のあまり途中の道々に行き倒れた兵たちは、そのまま餓死したか自死したか、ふたつにひとつの転帰を迎えたことは、確実でした。

このオーエンスタンレー機動作戦間に死んだ日本兵は4500人でした。

東部ニューギニアに展開した日本軍部隊（海軍陸戦隊も含む）は昭和17年の11月以降、ブナを狙って上陸してきた米豪連合軍に、西へ西へと、海岸づたいに追い立てられます。

時折の反撃を挟みながらの、この断続的な後退の過程では、累次に、数え切れない《広義の餓死者》を残置することになってしまいます。

昭和20年までの対英米蘭戦争中、東部ニューギニアに上陸した日本兵15～16万人のうち、最終的に12万8000人が陣没し、その多くは《広義の餓死》だろうと言われています。

なぜガダルカナル島は重視されたか？

ラバウルを起点に太平洋の南東方面の地図をながめますと、ラバウルから距離800㎞圏内にあるポートモレスビーの存在の次に、距離1100㎞圏にある航空基地適地のガダルカナル島のロクーションが、日本海軍には気になりました。

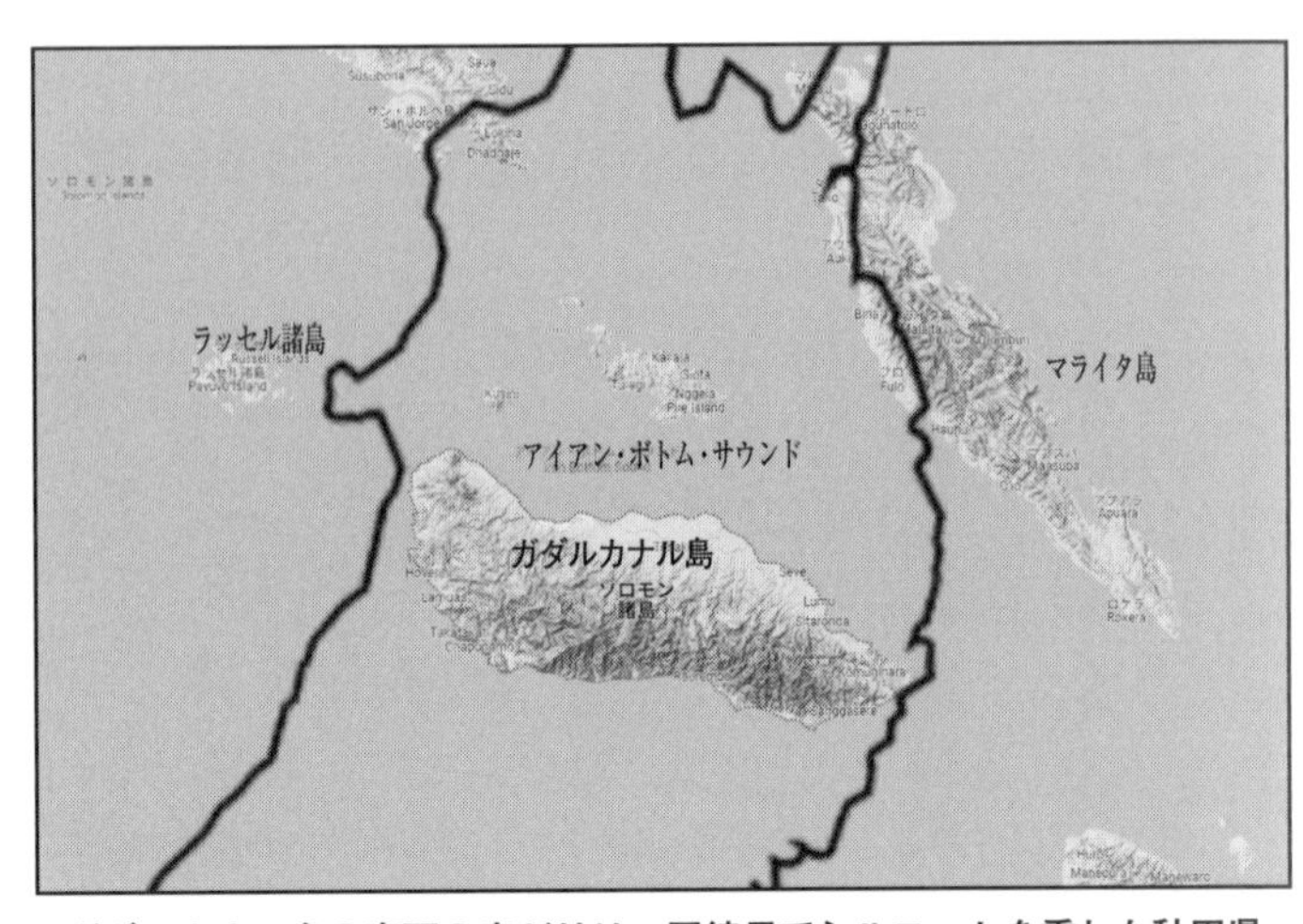

ガダルカナル島の東西の広がりは、同縮尺でシルエットを重ねた秋田県や岩手県の幅よりも大きいことがわかる。(Googleマップを基に筆者作成)

とうじの米軍の戦闘機には、それほどの長距離は往復できません。が、「B-17」爆撃機ならば、いくらでも空襲を仕掛けられるのです。

さらに、それら四発重爆の哨戒下に、米海軍の有力な空母が連繋して動くようになったら、日本海軍の軍艦が集まるトラック島の一大泊地が、《真珠湾攻撃の逆パターン》の空襲を受けると思わねばなりません。

そのため当初、日本海軍がガダルカナル島に前哨基地的な飛行場を置きたいと考え、昭和17年7月16日に独自に設営隊を送り込んでいたところ、意外にも8月7日、そこへ航空兵力をともなった有力な米海兵隊が上陸してきて、工事未成の飛行場を奪い、居座ったのです。

日本の大本営(の中でも陸軍部の服部卓四郎作戦課長)がこれを意外としたのは、米軍の太平洋での

1942年のガダルカナル島で撮影された大発。「岡村部隊」と書いてあるので、米軍上陸前に日本海軍の飛行場設営隊が通船代わりに使っていたものかもしれないが、不詳。（写真／USMC）

本格反攻は、どうせ昭和19年（1944年）以降になるだろうと、きめつけていたからでした。大型高速正規空母『エセックス』級が続々と就役してくるのがその頃だからというのが、予断の根拠でしたが、昭和17年6月にミッドウェー海戦で快勝した米海軍の戦意は旺盛で、それを米国政府（基本的に「対ドイツ」を「対日」よりも優先するという連合国間の合意を領導していました）も、支持したのです。

　ミッドウェー海戦で、頼りにしていた正規空母を4隻喪失してしまった日本海軍としても、爾後とうぶんの対米戦略は、島嶼に展開した基地航空隊（殊に、双発の「1式陸攻」による雷撃）を主軸に組み立てるしかありません。ますます、ガダルカナル島の飛行場用地は、敵手に渡せないと考えられてきました。そうなりますと日本陸軍としても、米軍の地上部隊がわざわざガダルカナル島に集まってそこでゲームを挑んできてくれるというのですから、相手をするのも面白いと気を変えます。こうして、陸軍の部隊をガダルカナル島に派遣して島を確保しようという大本営の新方針が画定されました。

一木支隊のガ島上陸と攻撃失敗

昭和17年8月16日、一木清直(いちききよなお)大佐に率いられた「一木支隊の先遣隊」916人が、駆逐艦6隻に分乗してトラック島を出港します。

「一木支隊」とは、ほぼ「旭川の歩兵第28連隊」のことなのですが、輸送船で洋上を移動してミッドウェー島に上陸して占領するという任務に特化し、輸送船に乗り切らないユニットをそぎ落としてスリム化していました。ミッドウェー島への上陸は、しかし、6月の一大海戦が不首尾に終って計画が取り止めになっていましたので、大本営としては、ガダルタナル島の確保をこの一木支隊にさせるがよかろうと嘱目した次第です。

一木支隊先遣隊は、重機関銃と大隊砲と擲弾筒を最少限ともなった以外は、軽機と歩兵銃ばかりの、いたって軽快な隊容でした。糧食はめいめいが7日分を携行したのみ。小銃手の弾薬はめいめい

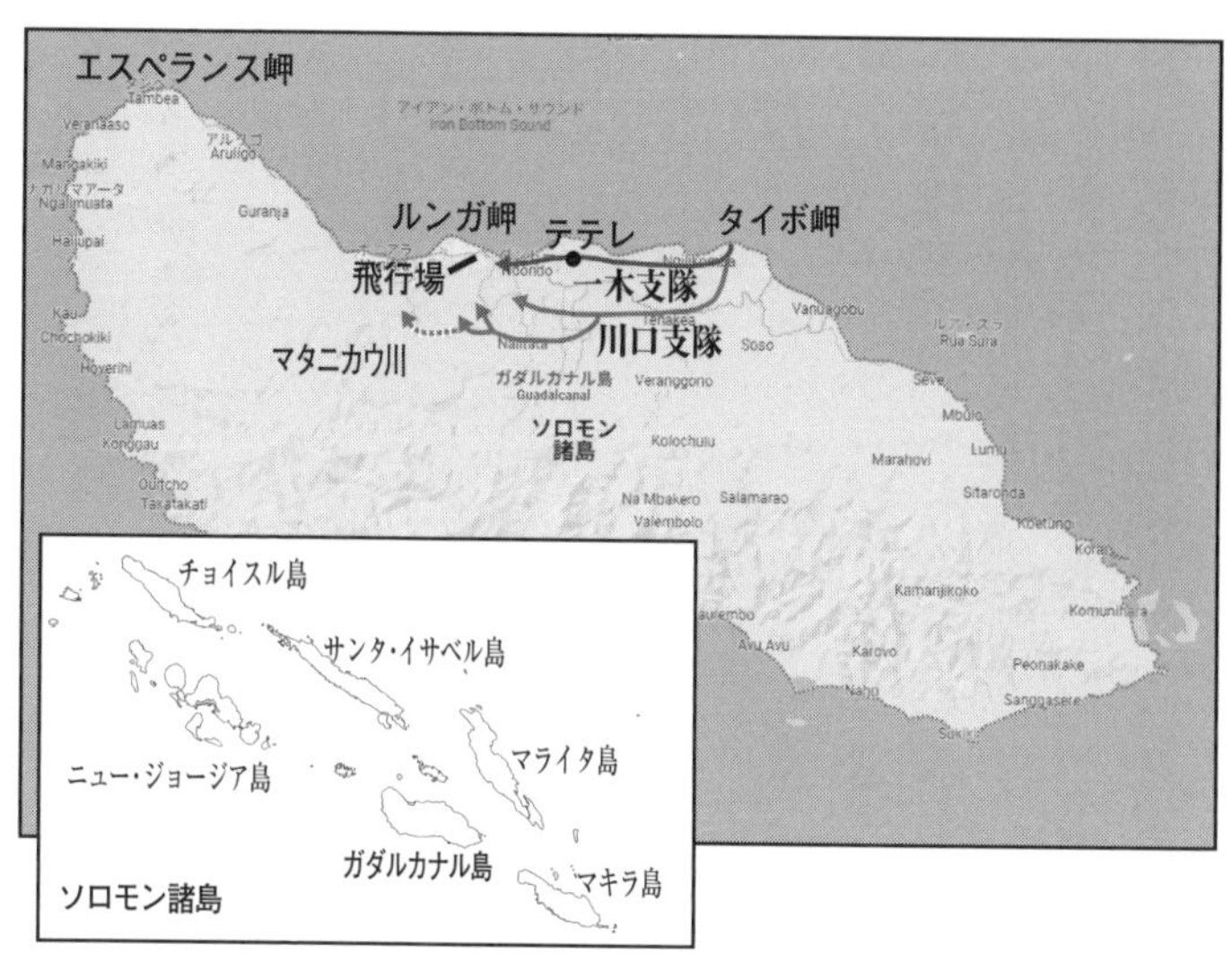

ガダルカナル作戦要図（Googleマップを基に筆者作成）

250発です。その頃の日本陸軍は、着剣して夜襲突撃するときは原則として1発も発砲しないのがよいと本気で信じていました。

8月18日夜、ガダルカナル島の北の海岸「タイボ岬」に、一木支隊長と先遣隊が上陸します。そこは飛行場から西に35km離れた場所でした。

一木大佐は、支隊の第二梯団の増援（全員揃えば2000人を超える規模）を待つことなく、ただちに西進を開始します。一木は、飛行場に米軍は2000人しか残っていないと下算していました。直前の8月7日~9日の第1次ソロモン海戦の結果として、米軍艦船が島の泊地から離れて行ったので、地上軍も逃げ出したのだろうと上級司令部が憶断していたからです。ところがじっさいには、上陸した第1海兵師団のまる

ガダルカナル島で米海兵隊が鹵獲した、ほとんど無傷の92式歩兵砲。あるいは一木支隊先遣隊とともに上陸した２門のうちのひとつではないかとも思うが、不詳。（写真／USMC）

まる1万3000人は残って腰を据えていました。それは大火力の戦略単位でした。

一木大佐がタイボ岬の西15㎞のテテレまで到達したのが8月19日黎明です。先遣隊はそこで大休止します。昼に動くと敵に察知されるからです。

史料は承知しませんが、この先遣隊は、2門の大隊砲（92式歩兵砲、金属製車輪付きで204kg）をロープを使って人力で曳いて行ったのでしょう。また、92式重機関銃（弾薬抜きで56kg）は、組み立てた状態で複数の兵隊が輿（てごし）のように担いだか、リヤカーのようなものに載せて人力で曳いて行ったのであろうと想像します。

20日午前2時30分、一木支隊先遣隊は、テテレから西8㎞のレンゴに到着し、そこで4時間弱の大休止。

午後6時、レンゴを出発し、9㎞西の「中川＝イル川」を目指しました。その中川の西3㎞が、目指す飛行場です。

この同じ日、一木支隊の残りの第二梯団（1500人前後）が、低速輸送船でガ島へ向かっていたところ、ひとあし早く、米軍の小型護衛空母がガ島の飛行場に艦上戦闘機と艦上爆撃機を計30機ほど運び入れましたので、とうてい近海に近寄ることは不可能になったと判断されて、反転してしまいました。輸送船には、連隊砲（41式山砲）や速射砲（37ミリの対戦車砲）なども搭載されていて、22日には上陸する手筈だったのですが……。

8月21日未明、中川の対岸の米軍陣地に対して、部隊は突撃を発起します。

しかし米軍は有力な機関銃を広く配置して待ち構えており、弾量豊富な榴弾砲、迫撃砲によって濃密に支援された、ほとんど途切れのない猛射のため、一木支隊の突撃は破摧されます。

午前9時、米軍は逆襲に出て、地面に釘付けになっている一木支隊を圧迫し始めました。午後に入ると、戦車6両が、支隊の背後に廻りこみました。

午後3時、一木大佐が率いてきた先遣隊は事実上、全滅して、大佐も混戦のなかで自決したと想像されています。一説に、この攻撃時の日本兵の戦死者は777人だといいます。生存者は、タイボ岬まで後退しました。

自衛隊駐屯地の備品とみられる荷車にも、ソリッドタイヤのものがある。（写真／I.M.）

ここで、第二次大戦中の日本の歩兵師団が多用した、重量540kgの「41式山砲」、別名「連隊砲」についておさらいしましょう。

山砲は、野砲と同じ75ミリの弾丸を水平に発射できる火砲ですが、野砲が砲車ごと6頭の馬で曳いて移動するのに対して、大砲を6つのパーツにバラして馬の背に載せ、細い山道でも運送ができるように、各部を軽量化してありました。馬1頭の駄載限界がだいたい100kgであると考えられていましたので、最大重量の部品となる「砲身」も、ちょうど100kgしかないようにデザインされていたのです。

ちなみに鋼製の「輪帯」が巻かれている木製車輪は2個で63・8kg、鋼鉄管の車軸は23・7kgあり、これらも馬の背に載せたのです。

ところで、山砲も、1~2頭の馬で牽引し

て、ふつうの野砲のように荒れ地を行軍させることはできました。ホイールの緩衝材としてのソリッドゴムや空気入りチューブがなくとも、1個32kgの頑丈な木製車輪が2個ついていたら、540kgもの荷重や、運行衝撃にも耐えられたんだとわかるでしょう。

そこで、こういう空想をしたくなります。5台か6台の「プッシュ・バイク」に、41式山砲の分解パーツ（1個が最大100kg）をくくりつけて、山地を機動することはできたのではないか？　しかもその「プッシュ・バイク」は、後輪に、山砲の車輪そのものをとりつけても機能するように設計しておいたなら、自転車部品の節約にもなったのでないか、と。

1944年6月にノルマンディ海岸に上陸したイギリス軍とカナダ軍は、将兵が重量物の移送に手間取ってビーチヘッドでドイツ軍砲兵の的にならずに済むように、上陸用舟艇から自転車をともなって飛び降りさせています。この配意が日本軍にはなかったために、ガダルカナル島攻防戦の後半では、せっかく味方の駆逐艦や潜水艦が北西海岸に運んできて浜辺に積み上げることに成功した物資を、夜明けまでにジャングル内にすべて引き込んで隠蔽することができずに、翌朝、米軍機に空襲されてむざむざと焼き払われてしまうというパターンを、幾度か繰り返しています。

大砲や砲弾を運搬するのに、トラックや駄獣を使わずに済むということは、石油燃料の補給をたのまなくてよく、毎日、大量の秣／濃厚飼料や、大量の水を探す苦労からも解放されるということでした。

これは、戦時中の旧日本軍のような立場の集団組織にとっては、日常的な心身の負担が、ずいぶん軽くなることを意味しただろうと思います。

ところでガダルカナルのような密林内では、「射界清掃」をしない限り、火砲の水平射撃ができるチャンスは、多くなかったでしょう。81ミリかそれ以下の口径の迫撃砲が、そんな土地では使い勝手がよかったはずです。瞬発信管をつけておけば、敵兵の頭上の樹冠の木の葉を擦ったところで爆発してくれますから、破片効果も大きくなったでしょう。

戦時中の日本軍が支給され得た「97式曲射歩兵砲」は、口径81・4ミリの迫撃砲で、砲身重量は20・4kg、それに脚とベースプレートを合計しても67kgです。これなら、プッシュバイク1台に積んで機動ができただろうと思われます。

大本営は、ソロモン方面の陸軍部隊を指揮する「第17軍」のために97式曲射歩兵砲を10門、送ろうとしたようですが、届かなかったようです。事前の研究／実験が、なさすぎました。

川口支隊のガ島上陸と攻撃失敗

「川口支隊」は、昭和16年11月に「歩兵第18師団」から1個連隊（歩兵第124連隊）を分割して旅団司令部をくっつけたもので、川口清健少将が初代の支隊長になっていました。

戦争初盤のボルネオ島の戡定作戦で舟艇機動に熟達したと周囲から認定され、ガダルカナル島に米海兵師団が居座った頃にはパラオで上陸訓練を続けていました。

「第17軍」（司令官・百武晴吉中将）が川口支隊をガダルカナル島に派遣することに決めたので、川口支隊は昭和17年8月16日に輸送船2隻でパラオを出港して、20日にトラック島に入泊します。川口少将はこの輸送船には乗らずにラバウルに赴いて、第17軍から正式命令を受領した後、飛行機でトラック島の部隊に追いつきました。

支隊がどのようにガ島に進出すべきかについて、支隊長と部下連隊長と海軍側の意見が一致せず、紆余曲折があったものの、9月7日までに、ガ島の日本軍は、一木支隊第二梯団と川口支隊（歩兵2個大隊基幹の青葉支隊の一部も含む）、および一木支隊敗残を合わせて5400人（このほか海軍設営隊関係200人）に増強されます。

川口支隊長は8月31日に駆逐艦でタイボ岬に上陸しました。支隊主力の位置はその西2kmのタシンボコです。

このとき、兵隊の人数ばかりが増え、糧秣の補給はともなって来ないという、戦線と後方のミスマッチが、早くも兆していました。9月7日までに揚陸できた糧秣ですと、在島の将兵を2週間しか給養できそうにありませんでした。

タシンボコの支隊は9月6日から西進を開始しました。そのさい、将兵は2日分の糧秣だけを携行していました。

ところが9月8日にジャングルを啓開しながら飛行場の裏手（南側）に廻りこもうとした川口支隊は、昼間は2時間で1㎞しか進めないという現実に直面します。

随伴の砲兵大隊は、弾薬運搬に使っていたリヤカーがパンクしたり、車軸が曲がってしまったので、しかたなく弾薬を全部、臂力搬送にきりかえています。

最初に攻撃を予定していたのは9月12日の夜でした。しかしこの日、川口支隊司令部は、棘のある樹枝のために前進が難渋をきわめました。

いったい、その時点で糧食はどう工面していたのかについては、記録はありません。

突撃を開始する前には、攻撃部隊は敵陣に対して横一線に展開するものです。が、飛行場からそれぞれ2㎞ほどの位置にわりふられたその地点がどこなのか、ジャングルの中ではまったくわかりません。川口少将は攻撃を13日夜に延期しようとしますが、各隊との通信連絡手段がありません。

けっきょく、一部の部隊だけが、当初決められた時刻に飛行場を夜襲することになりました。

この散発的な攻撃は、頓挫します（連合艦隊の参謀長・宇垣纏の把握によれば、戦死200人以上で、戦傷も含めて支隊の1割がやられたようだと）。

13日夜、午後8時、ふたたび攻撃しましたけれども、昨夜の動きで米軍もすっかり予期しています

ガダルカナル島で155ミリ榴弾砲を猛射中の米軍。野砲としてはこの他105ミリや76ミリもあった。椰子林を伐開した応急陣地のようで、奥の大ジャングルを警戒していない感じから、すでにマタニカウ河口に向けて圧迫中の終盤か。（写真／worldwarphotos）

からもう奇襲にもならず、戦死600人、負傷者500人を出して、敗退。

飛行場南側の「ムカデ高地」では、米軍は14日払暁までに1992発の105㎜榴弾を発射したといいます。火力が段違いでした。

第17軍が、川口支隊の総攻撃の失敗を承知したのは15日です。

そこで第17軍は川口少将に対し、残存部隊を飛行場の西8㎞にある「マタニカウ川」の西岸へ移動させてそこに布陣をするように命令します。

川口少将の回想によれば、糧食は、9月13日か14日には食い尽くしており、「全員絶食の状態で五、六日行軍し」て、マタニカウ川の左岸に辿り着いたとのこと。その移動命令を川口が部下に伝えたのも15日なのです。ということは、第1章で考察した「絶食8日」の限界ラインは越えてしまった可能性があるわけです。

このとき、島の西寄りの海岸に舟艇機動によって上陸したために総攻撃にも加わらずに無傷であった「第124連隊本部」が、マタニカウ川の河口より6㎞内陸に入ったところにある「アウステン山」（標高1650m）の北嶺に陣地を構築して待っていました。糧食もそこに蓄えられていました（これは28日頃に、支隊を養うのには足りなくなりました）。川口少将がそこに辿り着いたのは9月18日でした。

聯合艦隊の参謀長だった宇垣纏の日記（昭和17年9月10日）によれば、第17軍の戦闘指令所はその時点でもう、川口支隊が餓死に瀕していると認識しています。同指令所は、ショートランド海軍基地（ラバウルとガ島の中間にあった駆逐艦の泊地で、鼠輸送の出発港）に対して《人員はもう送るな。糧秣と飛行場制圧用の砲弾だけ積め》と命じたようです。

宇垣は自分のコメントも日記に付記しました。いわく。――輸送を担当する機関は、人員のほうが荷扱いとして楽なので、人員ばかり送ってしまう。機材、糧食、弾薬はめんどうなので、なおざりにしてしまうのだ――と。

「第2師団」のガ島上陸と攻撃失敗

大本営はこの時点でもまだ、米軍がソロモン方面で本格的な反攻を開始したのだとは認識したがりませんでした。

陸軍大学校は、明治いらい、戦略単位である「師団」や、その師団を3個束ねる「軍」を巧みに戦闘させられるエリート幕僚を育て続けてきました。中央で出世するほどのエリート参謀たちは、いっぺんも「師団」以上の兵力を動かさずにガダルカナル島を米軍に明け渡すなど、じぶんたちの名折れになってしまうと、しぜんに思いました。

海軍も、ガダルカナル島の米軍飛行場を、1日も早く奪回したいと焦ります。

そこで、8月に「第17軍」に編入されていた「第2師団」を、まるごとガ島へ投入して10月中旬に総攻撃させる、というプランが、大本営ですんなりとまとまりました。

建軍いらいの歴史ある第2師団は東北の我慢強い連隊を集めた精鋭です。ただし、昭和17年の8月以前はジャワ島に居り、安楽な警備をしていました。

昭和17年10月3日、まず師団長の丸山政男中将が、ひとあし先に戦闘指揮所を開設するため、師団司令部を帯同してガ島に上陸します。川口支隊は、その指揮下に入れられました。

その時点でガ島には、先の攻撃後の生き残りの将兵が9000人いたそうですが、重患者が多く、なんとか使えそうな5000人ほども、半病人のありさまでした。連続8日以上の飢餓がもたらした身体的なダメージは、恢復が容易ではなかったのだと想像できるでしょう。

続いて、10月3日以降、師団の主力も次々と海軍艦艇によりガ島に送り込まれました。

9日には、百武司令官以下の第17軍司令部と、大本営から派遣されてきた辻政信・中佐参謀も、ガ島の北西海岸に上陸します。総攻撃を前に「軍」の戦闘指令所をタサファロング（マタニカウ河口の西14㎞、コカンボナの西8㎞）に開設するためでした。

ほんらいなれば、もっと早く島内に戦闘指令所を置くべきところです。が、第17軍司令部は、ポートモレスビー作戦に忙殺されていたのです。

10月11日に地形偵察した第2師団の参謀長は、この山地密林のなかを延々と迂回機動して、飛行場を総攻撃できそうだ、と報告しました。つまり、まず小部隊に陽攻をさせて米軍の注意をマタニカウ川正面にひきつけておいて、こっちの主力は《右フック》の中距離機動で敵の横腹に廻りこんでやろうという、日本陸軍の常套マヌーバです。

これに基づいて13日から、工兵第2連隊が「丸山道」という《右フック迂回》のためのジャングル道を啓開開始します。海岸のコカンボナからそのまま海沿いに東進すれば、直線距離15㎞で飛行場に到達しますが、「丸山道」は、いったん「勇川」に沿って遡行し、アウステン山の南急斜面にまでま

陸上自衛隊が現用しているリヤカーの車幅をよく見て欲しい。これで道幅60センチのジャングル道を通ることは不可能である。（写真2枚とも／I.M.）

わりこみ、大迂回して「ムカデ高地」の南側に迫ろうとするもので、地図上の道のりでも33㎞はありますので、歩行実感は40㎞を越えていたでしょう。

道そのものは、対空遮蔽のため幅が50センチ～60センチしかありませんから、伐開作業は比較的迅速にできました。

総攻撃は22日に開始することで海軍とも調整が進みます。

丸山師団長による10月14日の命令には、各部隊が攻撃に出発するときには、糧秣を最少限12日分携行しなさいと注文されていました。

17日、飛行場を南から攻撃する、左翼隊の前進が始まります。

この日、航空写真が現像されてきて、飛行

場の南の陣地が相当に強化されているのが看て取れました。右翼隊を任されていた川口少将は、動揺します。

第2師団の主力が前進した「丸山道」は、大部隊が1列で歩かねばならぬ都合上、「行軍長径」が長くなるという困った現象が起きます。部隊の先頭が朝出発しても、後尾の部隊の出発は午後になってしまうのです。

重火器と火砲はすべて分解して、臂力搬送によって、部隊の後尾を続行させました。「92式重機関銃」は、銃身部が28kg、三脚が27・5kgもあります。口径90・5ミリの「94式軽迫撃砲」は、もともと対ソ戦でガス弾を発射するための装備であったために可搬性を重視しておらず、全重が159kgもありました。「92式歩兵砲」は、口径70ミリにもかかわらず、放列砲車重量が204kgです。それらの移送速度は当然ながら、歩兵のスピードには、あわせられません。

計画では、21日までに飛行場のすぐ南側に各連隊が概ね横一線に勢揃いしていなくてはならないのに、それは無理だとわかってきました。「丸山道」から分岐する先の進路を各隊で伐り開くのが、簡単ではなかったのです。そもそも、分岐の直後から各隊は、自己位置がどこなのかすら、把握ができなくなりました。

師団の攻撃は、23日夜に延期されることになりました。

10月22日、丸山道の途中で辻中佐と会った川口少将は、航空写真の印象から、右翼の攻撃の成功の見込みはないので、自分の隊を左翼に迂回させたいと唐突に主張を述べ、翌23日には、丸山師団長にも直接、そのように意見具申しました。歩く距離がいちばん長い右翼隊に、重火器がおいついてこられないのです。40㎞の難地行軍で、落伍する兵が多発中だったと思われます。

しかし第2師団や第17軍としては、いまさらそんな計画変更をやっていたら、海軍との調整もまた台無しになってしまいますので、川口少将の意見を採用しません。川口は陸大出のエリートながら性格は非協調的で、自説を固守して命ぜられた攻撃発起位置へ機動しようとしませんので、有線電話を通じて、支隊長職を解任されます。これが23日の小事件で、師団主力の攻撃は24日夜に再延期されました。

10月24日夜から翌日にかけての第2師団の総攻撃は、またしても失敗しました。

果敢に前進できた部隊（青葉支隊）もありましたが、屋根型鉄条網と、低く張り渡した針金を組み合わせた米軍陣地前の障碍を越えられないでいるところを、猛烈な火力で射すくめられたのです。

第2師団の攻撃は、けっきょく、2000人から3000人の戦死者を出して頓挫しました。

26日に、第2師団長から第17軍の戦闘指令所に、昨夜からの状況が報告され、同日、第17軍司令官は、「攻撃中止」の命令を出します。

第2師団隷下、歩兵第29連隊のある中隊長の日記が『戦史叢書』に引用されています。

――10月27日。約三日、食べていないことで、歩くことさへ不能。坂道でフラフラしてダメ。一日、耳掻き1杯の塩と、てのひらに1つの粥……。
——10月29日。朝食は茶碗に半量。太陽が出ても、身体が動かない……。
——10月31日。焼きそば、てんぷら、うどんが、頭の中で一杯だ。考えまいと想っても、他のことが浮かんでこない……。

この日記によれば、10月24日には携行兵糧を食べつくしていたことになります。コカンボナを出発するときに、そもそも12日分の糧食を用意することはできなかったのでしょう。その上に、丸山道から突撃発起点までの移動の渋滞と、総攻撃日程の遷延・待機があって、おそらくは24日よりも前から、給養量は絞らざるを得なかったのではないでしょうか。

30日、第一線から辻参謀が、ガ島の軍戦闘司令所に戻ってきました。『戦史叢書』によれば、往路1週間かかった行程を、昼夜兼行、2日半で戻ってきたそうです。アップダウンや泥濘が続く丸山道の実感距離がしのばれます。辻中佐は大本営へ復命するため11月8日にガ島を離れました。『高松宮日記』の12月16日の記載によれば、大本営に戻った辻参謀には、とくに何の工夫も妙案もなかったようです。

10月30日には、米軍のほうから、マタニカウ川西岸陣地に対して攻勢に出てきます。じつは米軍の側から眺めますと、じぶんたちの最大の弱みは、ルンガ泊地（ルンガ岬とマタニカウ河口の間の海浜）を日本陸軍によって占領され、橋頭堡と航空基地の連絡が遮断されてしまうことだったのです。遮断さ

ガダルカナル島内にて米軍の通信隊がジープで電信線を架設中。植生や泥道の景況がよくわかる。(写真／worldwarphotos)

れると航空用ガソリンを飛行場へ搬入することができず、飛行場の機能をまったく発揮できなくなってしまいます。そして理論的には、日本軍はその前進の途次、射程8㎞くらいの火砲と、なんらかの観測手段を連動させることによって、滑走路をハラスメント砲撃し、戦闘機の離発着も有効に妨害できるはずでした。それこそは、日本海軍が願っていた事態だったはずです。

米軍の主滑走路の東端から、マタニカウ河口までは8㎞ありました。それに対して、日本陸軍があとからガ島へ持ち込むことができている「92式十糎加農」の最大射程は18㎞もありました。前後して揚陸されている「96式十五糎榴弾砲」でも11㎞です。これらの野戦重砲は装軌式の牽引車でないとニッチもサッチもいきませんから、クレーンを備えた敷設艦か貨物船を使って、厄介な揚陸作業をしなくてはならないわけですが、戦車の重さに比べれば何でもないはずでした（92式十加の放列砲車重量は3・8トン、96式十五榴は4・2トン、牽引車は6トンなのに対して97式中戦車は14・3トン、95式軽戦車は7・4トンです）。

史実の第17軍がガ島に揚陸した戦車は、何の役にも立たずにマタニカウ河畔で全滅しました。そんな戦車の代わりにもっと役に立つ装備があり得たのです。

日本陸軍の師団には砲兵連隊が必ず付属していて、その標準の野砲は「38式野砲」か「41式山砲」のどちらかでした（対米開戦直後のフィリピンにはもっと高性能な新鋭野砲を運び込んでいます）。38式野砲の最大射程は8250mです。ただしこれで射撃中に、もっと近いところに布陣している米軍の105ミリ榴弾砲から「対砲兵戦」を挑まれたら対処不能ですので、じっさいに野砲や山砲（射程6300m）で、ヘンダーソン飛行場を砲撃することはできなかったのでしょう（1943年1月時点で、ガ島内の米軍は、迫撃砲300門とは別に、野砲70門、90ミリ高射砲30門を有していたといいます）。

昭和17年10月末、ガダルカナル島には日本軍将兵3万人が生存していました。しかし、累積絶食の危険限度をいちど越えてしまった将兵は、あらためて武器弾薬を与えても、とうぶんは使い物にはなりません。つまり、大本営がもしガ島で米軍に勝つことにこだわるなら、また別な師団を投入する必要があります。

11月4日、第17軍司令部は、もし新たな総攻撃を考えるなら、それはマタニカウ川方面から12月末に発起するしかないと見積もる一方で、今後、航空優勢を回復できるならばともかく、それができないのに、この上に島の兵数を増加しようとすれば、それはたんに餓死者を作るにすぎない、とも認識していました。

じつは9月17日に「第38師団」が第17軍に編入されていますので、これを呼び寄せるかどうかの判断を、百武司令官は迫られたわけです。呼び寄せれば「第2師団」の二の舞になることはほぼ確実でした。が、東京の大本営がそれを望むなら、ノーとは言えません。

11月5日、第38師団の先遣である、「歩兵第228連隊」がガダルカナル島に上陸しました。

しかし、11月13日から15日にかけて、第38師団の主力を積んだ11隻の優速輸送船団は、洋上で空襲され、4隻だけがタサファロングに入泊できたのです。約4000人が、コメ1500袋とともに上陸しましたが、その物資は15日夜に、敵の砲爆撃で丸焼けにされました。

このあたりで第17軍は諦観します。もうガ島はダメだと。

非効率的だった「ドラム罐」補給

「第2師団」は、11月8日に「第17軍」から、コカンボナ（マタニカウ川より6㎞西にある海岸）付近へ後退するよう命令されましたが、糧食が足りないせいで、すでに全員、疲労し切っており、殊に傷者の収容と後送のためには多大の時間を要するので、コカンボナ集結は11月末になるだろうと見積もります。

傷病者以外では、山砲の運搬が、最も困難をきわめました。

一木支隊のところで説明しましたように、口径75ミリの「41式山砲」は、全重が540kgで、開発時の想定では、分解して6頭の馬の背に載せて運ぶものだったのですが、ガダルカナル島では、分解してもそれぞれ100kg弱ある部品を、数人がかりの人力で運搬するしかなかったのです。

10月から11月にかけて海軍は、駆逐艦隊を投入した「鼠輸送」（夜のうちに進退するのでこう呼ぶ）を試みました。

駆逐艦はがんらい輸送向きには設計されていませんので、補給物資は1隻につき40トンしか積めませんでした。無理をしてそれ以上搭載すると、もともと大砲や魚雷で「トップ・ヘヴィー」にできている船体の「復原性」をてきめんに悪化させてしまい、もし往路で敵と遭遇したとき、転覆を予防する必要から、駆逐艦らしい機敏な変針や旋回ができず、むざむざ撃沈されてしまうことになりかねないためです。

また、1隻が40トンを積み、10隻で400トンの物資をことごとく揚陸することができたとしても、それは、在島の全兵員の需要量の2日分にしかなりません。

ヘンダーソン飛行場が需要するガソリン入りドラム缶を泊地から搬入しやすくするため、米海軍の設営隊はトロッコ鉄道を整備した。（写真／worldwarphotos）

平時であるならば、在島の3万人が1日に費消する糧食は30トンです。しかし、たった30トンを駆逐艦で補給してやることも、たちまち難しくなります。

11月24日になりますと、駆逐艦ではガ島には近寄れないと判断され、12月9日までは、潜水艦がドラム罐をカミンボまで運ぶようになりました。

コメ入りのドラム罐は、径560ミリ、天地850ミリ、重さは200kgから250kgです。深度30mまでは耐圧のはずでしたが、約3割は口金から浸水したそうです。

ドラム罐は、もともと航空用燃料が入っていたものですから、ソーダと蒸気で内部を洗滌してから、コメや麦を充填します。その5個～10個を1本の綱で連繋し、綱の一端に、

苦労してガ島海岸へ揚陸したが、ジャングル内深くに隠せなかったため爆撃されて全損した日本軍のトラック。椰子林はすべて島民が植樹した果樹園なので、下草もなく歩きやすい。(写真／worldwarphotos)

曳航索の標示のため、木片を付けて、夜間に海面に投入。岸からは大小の発動機艇が出てきて、それを引っ張って行くという段取りです。しかし、そのようにしてうまく揚収することができたドラム罐は、投入数ぜんたいの「五分の一」というところでした。

しかも12月9日に「伊3」潜水艦がカミンボ沖で米魚雷艇から雷撃されて沈没しますと、この方法もあてにできなくなりました。

ガ島では、杖によって歩行しうる者は、後方の糧秣運搬および炊事を担当しました。

しかしそこからアウステン山方面の守備陣地まで、物資を運搬して行ける者がいません。11月時点で、所によっては、絶食6日という部隊もあったそうです。

第17軍の全体が飢餓に直面していました。体力が弱るとマラリアにも罹ります。

米軍の方では、日本軍はすっかり活力をなくしたと判断して、12月9日に、新来の陸軍部隊が、もとからの海兵隊と交代しています。

大本営は、11月16日に、第17軍に対して、これからは攻勢は考えずにその場で防御をしていろ、と指示します。

じつは11月中旬には東部ニューギニアのブナが圧迫されていて、大本営としてはそっちの事態の方が深刻だと考えていました。

補給点に物資が堆積していても、前線では飢えてしまう仕組み

ガ島の第17軍が、昭和17年12月31日に起案した報告電報によると、エスペランス岬の西脇にある泊地カミンボ（味方の主陣地線があるアウステン山までは道のり48㎞ほど）には、日本海軍の潜水艦から揚陸したコメが、25㎏の俵で1200俵もあり、その他に副食物も揚陸されてはいたのです。にもかかわらず、それら物資の「前送力」が皆無なため、米軍と交戦中の丸山師団は「依然1月3日乃至5日迄絶

食を続けざるを得ざる状態」なので、前送のための「自動貨車の燃料」を迅速に交付して欲しいと懇請しています。

アウステン山付近の前線将兵は、木の芽や、川底の水草を口にしながら陣地についているのが精一杯で、とてもその位置からカミンボまで赴いて糧秣を担いで戻って来られるような体力の残っている兵隊は1人もいなくなっていました。

アウステン山に所在した、第38師団・歩兵第124連隊の連隊旗手の小尾靖夫少尉（22歳）の日記が『戦史叢書』に引用されています（連隊旗手は、少尉の中でも最も有望な人材が就けられたポストです）。

――《12月27日。生き残っている者は全員が土色。頭の毛は、赤子の産毛のように薄くぼやぼや。黒髪がもう生えないのだ。痩せる型の人間は骨まで痩せ、肥る型の人間はぶよぶよにふくらんでいる。歯の金冠や充填物も、はずれた。歯が生きていることを初めて知った……》

有名な、外見から余命を判断するチェック表も、この頃のアウステン山陣地で定まったようです。

すなわち――《立つことのできる人間は、30日間。身体を起して坐れる者は、3週間。寝たきり起きられない者は、1週間。寝たまま小便をするものは、3日間。物を言わなくなった者は、2日間。またたきをしなくなったものは、明日》――というものです。

総撤収

東京では昭和17年12月31日未明の御前会議で、ガダルカナル島からの撤収の方針が決められていました。

その正式命令（昭和18年1月4日）に基づいて、ラバウルの第8方面軍司令部（司令官・今村均中将）から、撤収作業を指導をするための、元気の良い参謀たちが、昭和18年1月14日夜に、エスペランス岬に送り込まれます。

一行は翌朝から、セギロウ河畔（カミンボ泊地からは道のり20㎞強。そこからタサファロングまでは6㎞）を目指して歩き始めたのですが、めいめい完全武装の上、20日間の糧食や土産などを携行したので、1人で十数貫（50～60㎏）の荷物となり、さすがに500m歩いては休憩しなければならなかった、と第8方面軍参謀の井本熊雄中佐が回想しています。一行がセギロウ河畔に到着したのは15日の夕方でした。

そこは、第一線とエスペランスの糧秣補給所を結ぶ経路の中間駅といった趣きで、その時点でもまだ動くことのできた、わずかな元気な兵隊が、抜き身の銃剣だけ帯革に挟み、10～20㎏のコメをエスペランスから担いで運んでいる姿を、一行は目撃しました。

1月19日までに井本参謀は、陸軍の第38師団、第2師団、および海軍兵など、合計1万2000名が、ガ島から撤収可能——すなわち独歩可能——だと現況を把握します。

歩けない患者は自決させることが明確に指導され、陣地から退がるときに「昇汞錠（しょうこうじょう）」を2錠ずつ、病人の自決薬として配る計画が立てられました。

海軍の駆逐艦隊による撤収作戦は、2月1日から2月7日にかけて3回に分けて実行され、成功しました。

2月22日発電の、第17軍参謀長による数字として、合計1万652人をガ島から救出できたとしています。

『戦史叢書』の推計によれば、昭和17年の8月いらい、ガダルカナル島に上陸した第17軍の総人員は、3万1400人です。18年2月の撤収作戦前に離島した者が740人。ガ島で死んだ者は2万800人。そのうち純然たる戦死は5000人から6000人というところ。その余の1万5000人は病死であり、病気は栄養失調が引き金になっていた——と総括しています（海軍所属者の陸上での戦死者は3800人）。

いっぽう、米軍戦史によれば、ガダルカナル島の陸上戦闘で、米兵は1000人しか死んでいません（負傷は4245人）。

ガダルカナル島は、給養不十分のため、衰弱疲労した日本兵が、《某所まで退却すればなんとかなる》という当てもなく、なすすべなくジャングル内の持ち場で《生存》しているうちに、どんどん疲労病死者が増えてしまったという特異な戦場でした。

そこに自転車を持ち込んでいたなら、何が改善されたか?

第17軍はガダルカナル島に、軽機と重機を650梃、重擲弾筒を650門、迫撃砲を100門、火砲を250門、自動貨車を130台、戦車13両(うち95式軽戦車が2両)、牽引車12両などを、捨ててきました。

それでもまた空想してみようと思います。

この島に日本軍が苦労して持ち込んだ「97式中戦車」は1両の重さが15トンです。当時の鉄製自転車が25kgの重さがあったとすれば、600台に相当するでしょう。貨物船から夜間に揚陸する作業は、自転車のほうがはるかに迅速に終ったでしょう。戦車は軽油を消費しますからその揚陸も必要です。自転車には燃料は必要ありません。

東部ニューギニアのマダンというところに昭和17年12月18日に2隻の輸送船が大急ぎで揚陸補給を

試みています。そのうちの『護国丸』には、高射砲×3、牽引車×1、乗用車×1、「自動自転車」×3、「自転車」×25が積まれていたことが記録されています（結局これらはおろしきれず）。自転車は飛行場の業務に不可欠でしたから、陸軍も海軍も、要所には必ずストックがありました。ラバウルのように大規模な航空基地であれば、なおのことです。

戦時量産型のプッシュバイクでしたなら、クランクもギヤもチェーンも泥除けも、さらにはゴムすら要らないのですから、自重は20kg以下になるでしょう。揚陸後に材木でフレームを補強することもできるのです。すると戦車1両の代わりに、プッシュバイクを750両、用意することができたでしょう。戦車4両の代わりに、手押しスクーター3000台を準備することだって、物資面では不可能ではなかったのです。

数百台のプッシュバイクが、ガダルカナルの泊地の海岸に所在したとしますれば、深夜の輸送船から海浜まで揚陸されて山積みされた需品類を、天明の前にジャングルの奥まで分散させて対空遮蔽をする作業ははかどったでしょう。さらに「丸山道」のようなジャングル内の細路を、100kg弱の糧食・弾薬、あるいは「分解した重火器」を、プッシュバイクにくくりつけることで、史実ほどに体力を消耗せずに運ぶことができたでしょう。駄馬と違って秣は必要としません。トラックと違ってガソリンも所要しません。また、空気チューブなしの自転車に荷物を載せたままの姿勢で長時間休憩しても、機械は文句を言いません。

歩兵1個連隊を基幹とする「支隊」レベルのユニットが、十分な量の給養物資を、補給点から挺進潜入班の位置まで遅滞なく送り届けつつ、分散した小部隊が広いジャングル内を疲労することなしに縦横に移動・出没し、随所で「山砲」を組み立てては飛行場をハラスメント砲撃するヒット&ランのゲリラ活動を持続することは、米軍の基地守備兵力が増強されたあともなお、可能だったでしょう。ゲリラといえども、給養十分で体力が衰えず、時間があるのですから、アウステン山の反対斜面にトンネル居住区を掘りめぐらす余裕もあったはずです。

すなわち、作戦の目的を、《ヘンダーソン飛行場を米軍にフル活用させない》という一点に限定し、その手段として、一木支隊が長期持久がしやすいようにプッシュバイクを持たせてやったなら、史実の川口支隊や第2師団や第38師団の追加派兵をする必要は無かったでしょう。

史実よりも低率で発生する傷病兵は、1人の戦友が付き添って、プッシュバイクによって特定の泊地まで楽々と移送し、そこから潜水艦でエバキュエートさせ得たと思われます。

第5章　ベトナム人だけが大成功できた理由は？

ディエンビエンフーの大勝利

日本政府がポツダム宣言を受諾して連合国に対して降伏する意向であることを、仏領インドシナの住民が承知したのが１９４５年8月でした。

１９２０年にフランス共産党の創立にかかわり、中国共産党の発起人たちとも行動をともにして、すでに名を知られた運動家だったホー・チ・ミンを中心とするベトミン（ベトナム独立同盟会）は、ただちに蜂起し、翌9月に「ベトナム民主共和国」の独立を宣言します。

連合国はしかしそれを認めず、北緯16度線より北側には中国国民党軍が進駐し、南側には英国軍が進駐して治安を固めたあと、１９４６年に旧宗主国のフランス軍に統治権を戻します。

農村部へ散らばったベトミンは1947年から全土で反仏ゲリラ戦を本格化させました。フランス軍は都市部こそおさえていましたが、形勢は不穏そのもの。1950年にソ連と中華人民共和国が「ベトナム民主共和国」を承認して物資援助を始めると、ベトミン軍は南部の農村をゲリラに支配させる一方で、北部ではボー・グエン・ザップ将軍の指揮する正規兵の実力を、戦いながら養います。

1953年までに在越仏軍19万人のうち7万4000人が死傷していました。戦線がラオスにまで拡大して、策に窮したフランスは、大局の打開を欲します。現地司令官のアンリ・ナヴァル将軍は、ハノイより北にあるディエンビエンフー盆地を占領して要塞を築き、そこに1万9000人のフランス兵を集めて、中共とベトミンの連絡線を脅かすようにすれば、ベトミン軍はこの高台陣地を正面から攻めざるを得なくなるから、そこに十分に引き付けたところで空軍力で叩き、全滅させてやろうと考えました。

ナヴァルは先の大戦中、ウィンゲート（第1章参照）が英領ビルマで採用した戦法に感銘を受けていました。陣地は空から補給を受けられるので、わざと敵に全周を包囲させてやるのがむしろ好都合だ、と発想したのです。

要塞化工事は1953年11月から始まりました。

制空権は、フランス軍が握っています。ベトミン軍がもし、既存の幹線道路を使って部隊や物品を移動させようとしても、たちまち空から爆撃されてしまうでしょう。

そこでボー・グエン・ザップは、国内の自転車をありったけ動員して、そのフレームに砲弾やコメなどを200kg以上も吊るし、樹冠で遮蔽されて空からは見定められないジャングル内の細径を、夜間に輪卒が歩いて自転車を押して進むことで、攻囲軍の火力発揮に必要な弾薬と需品を、途切れなく第一線へ送り込むことにします。

まるで蟻の行列のようなこの人力輸送方式のために動員された自転車は6万台、その「押し手」は26万人にものぼりました。

ボー・グエン・ザップは周到でした。75ミリ野砲や、6連装のロケット砲など144門と、それに必要な弾薬数百万発、加えて十分量の兵糧を、フランス軍には気取られずに、要塞陣地の周囲に運び入れたのです。

ベトミン軍による包囲攻撃は1954年3月13日から始まりました。

フランス軍は、トラックを持たぬベトミンの火力などせいぜい迫撃砲までだと高をくっていたところ、連日の猛砲撃を喰らって3000人が戦死。士気は低下します。

攻囲7週間後の5月7日に、まだ籠城を続けていた8000人のフランス兵は白旗を揚げ、そのあと、インドシナからフランスが出て行く流れも確定しました。

荷物運搬自転車のディテール

ベトミンは、1954年時点で、ソ連製の2・5トン・トラック「モロトヴァ」×600両を援助されていたほか、各種自動車が数百両、あったようです。

しかし、ディエンビエンフー攻囲を成功させた輸送の大動脈は、人が押して歩く自転車でした。彼らは、それを「ツェ・トー」(xe tho)と呼びました。《荷物運搬自転車》の意味だそうです。

とくに鍛えられているわけでもない普通の人が乗った自転車には、そのうえに荷台に貨物も積んで行きたいと思っても、せいぜい運転者の目方より少ないくらいの重量物しか、載せては走れぬものです。

しかしベトナム人は、人が自転車には乗らずに、荷物を目一杯縛り付けた自転車を、ひたすら押して歩くという、独特の物流システムを編み出したのです。

それによって、ありふれたプジョーの乗用自転車だったものが、馬や騾馬のような「駄載獣」にも優る負担重量を、飼い葉ゼロ、水桶要らず、文句も言わずに何時間でも運んでくれる輸送機械に、大化けしたのです。

通常、サドルは除去されました。そしてシートチューブの穴にはシートポストの代わりに材木が差

インドシナで使われたプッシュバイクのイメージ画（イラスト／Powerd by DALL-E3 with Y.I.）

し込まれ、平地や登り坂ではそこを肩で押し、下り坂では手で引っ張って制動するようにしました。

輸送する物資は、袋か編み駕籠の中に入れられ、それをくくりつけて満載すれば、自転車の両サイドに大きく張り出します。

そうなると押し手は、自転車にぴったりと身体を寄せることはできません。そこで、左側のハンドルバーに「延長クロスバー」を縛り付け、その延長棒を左手で握って操向し、バランスをとったのです（今日のベトナム陸軍には、左側のハンドルバーが最初から長い、特製の輸送用自転車の準備もあるようです。しかしベトナム軍は積極的には広報をしたくないようで、鮮明な良い写真は出回っていません）。

豪州人のジム・フィッツパトリックによれば、古い「ベトナム式ポーター自転車」の実物が、豪州の戦争記念館に展示されているそうです。フロントフォークの上部の金属チューブの表面に、繰り返し荷重を受けたことによる皺ができているのが目で見てもわかるそうです。

この前輪フォークに、補強のため材木や鉄筋などをあてがう場合もありました。車輪も、木板製の突っ張り棒を入れて、リムが段差衝撃で歪まないようにすることがありました。

こうしてトップチューブ以下の各部を強化したベトミンの改造自転車は、1人の押し手が200kgの荷重を吊るして運ぶことが可能でした。それが、ディエンビエンフー攻囲戦時の標準量でした。のちの対米戦争中の1960年代となりますと、改造自転車は、600ポンド（272kg）の積荷にも耐えられるようになったそうです。

1953年にフランスの情報局がまとめている冊子によりますと、ベトミンの兵士はめいめい、首から頭陀袋（ずだぶくろ）を提げ、その中に、4日分のコメを入れていました。ちなみに支給量は1人×1ヵ月分が20kgでした。

ディエンビエンフーをとりまいたベトミン兵は、4万9500人でした。それだけの戦闘員たちを、敵の制空権下で、ボー・グエン・ザップは、飢えさせなかった。日本人は、もっと注目してもいいはずです。

ディエンビエンフーの東165kmに「ソンラ」という村があり、そこは道路の結節点でした。

北ベトナムじゅうから、補給物資が、この「ソンラ」に集まるようになっていました。

ソンラを発した自転車隊列は、まず100km先の「Tuan Giao」村を目指しました。ただし1人で

100㎞を押して歩いたのではありません。

夜間、1人が最長で40㎞ほどを押して行けば、上空からは見つかりにくい「道の駅」のような場所があって、そこで、荷物だけを、次の自転車輸送兵へ引き渡したのです。しばしば、そこは渡し舟のある河川の渡渉点でした。1人の担当区間はそこまでで終わり。荷物を下ろした「押し手」は、また元の出発点に、空荷の自転車とともに引き返し、同じ作業行程を繰り返したのです。引き返す時間は短いほうがよいので、ペダルやチェーンも、ついたままのほうがよかったのです。

「Tuan Giao」村からは、47㎞の、植民地時代に建設された、荒れた道が続きました。やはり途中に点々と、サービスエリアのような駅逓休憩所があります。

そしていよいよ最後に、攻囲中の味方軍隊の貯蔵所までの18㎞を、ダッシュするようにして、軍需品を推進させなくてはいけません。

上空には、悪天候時でない限りは、フランス軍の偵察機が飛んでいます。ベトミンは、細道の頭上で、両側の立ち木の枝と枝を結び合わせることで、植生のトンネルをこしらえ、対空遮蔽を励行していました。偵察機のエンジン音が大きくなったら、自転車を藪の中に押し込んで、動かないようにしていれば、まず、見つかりません。

これが自動車輸送や、左右2輪の荷車隊であったなら、こうはいかないでしょう。

地上の輸送兵の姿が見えないのでは、フランス軍側に制空権があっても、何にもならなかったのです。

ディエンビエンフー攻囲のあいだ、中国からは８３００トンの物資が支援されたそうです。単純計算して、1台に２００kgを積める自転車が４万１５００台あれば、その荷物を一度に動かすことができたでしょう。

ちなみに要塞陣地内のフランス軍に対しては、毎日空から、１２０トンの軍需品が物料投下されました。ただしそのうち20トンずつは、着地のショックで壊れたり、陣地の外側に落ちたそうです。けっきょく火力ではベトミン側が４倍も優勢だったという総括がされています。

「ブチル・ゴム」チューブと「インドシナの独立」は、関係がある？

旧日本軍が中国大陸や南方戦線で「輜重」に自転車を用いることを、ほぼ考慮外としていたのに、なぜ、第2次大戦後の「ベトミン」と「ベトコン」は、自転車兵站を、かくも徹底して活用することができたのでしょうか？

フィッツパトリック氏の著書や、私が眺めた限りのネット上のインドシナ戦争の解説に、そのヒントが見当たりません。それで私としては、こう想像します。

おそらく、第2次大戦の初期から米国等で軍用に量産されていた統制物資の「合成ゴム」が、戦後になってようやく民需品、なかんずく自動車や自転車の「インナー・チューブ」の素材として利用されるようになったタイミングが、関係あるのでしょう。

それ以前の自転車用の生ゴムのチューブですと、到底、150kg以上の荷重には耐えられず、それどころか、数十kgの荷重でもすぐにパンクして、無限に必要になるはずの修理は実際問題としてマレー半島のゴム林を離れた土地では不可能だと、戦時中の日本のエリート参謀たちは速断したのでしょう。

合成ゴム（Butyl Rubber、ブチル・ゴム）について、英文のインターネット解説を検索しましたら、概略、以下のようなことがわかります。

まず前史ですが、1906年の時点で、世界では、天然ゴム（ラテックス）が6万トンしか生産されていませんでした。そんなスケールですと、はやくも世界各地で急拡張しつつあった自動車工業用の需要を、とても満たせません。

そこで同年、ドイツの化学メーカーのバイエル社が、研究者たちに発破をかけました。3年以内に安価な人造ゴムの製法を発見したら賞金を出すぞ、と。

そのサンプルは1909年にできあがりますが、性能の割に高価でした。翌10年に天然ゴムの国際価格が下がったので、大量生産は見送られます。しかし1914年の第1次大戦の開始と同時に、英国が支配する東南アジアの産物へのドイツ工業のアクセスは不可能となりましたので、ドイツはそれから1918年の休戦までに2万4000トンの「メチルゴム」を国内で化学的に合成します。

第1次大戦後の世界はますます自動車を需要し、天然ゴムの国際価格は、民需に引っ張られて上昇を続けました。1922年に英政府は英領からの生ゴム輸出を規制し、米国内のゴム価格が4倍になります。1914年には11・5セントであった天然ゴム1ポンドの国際取引価格は、1925年には1・12ドルになったそうです。

このような市況を背景として、ドイツのIGファルベン（1925年にバイエル、BASF、アグファ等を結集させた巨大ケミカル企業）が、1926年から合成ゴム研究を再スタートさせます。そして1930年代には「ブナS」（スチレン・ブタジエン・ゴム）を合成。また1931年には「ブナN」も開発し、どちらも1935年から大量生産を開始します。

1925年時点で世界のゴムの76％を消費していた米国も、負けてはいませんでした。「チオコール」という、油脂に冒されない特長がある合成ゴムは、値段が天然ゴムの2倍以上しましたが、1930年からダウケミカル社が商業生産しています。

1929年にはデュポン社が「ネオプレン」を発明し、33年から量産販売しています。価格は生ゴムの3倍でしたが、軍用機の燃料タンクの内張りに使うと、抜群の防火性を発揮しました。

米国ではその他にも複数の合成ゴムが発明されます。が、なんといっても真打は、１９３７年にスタンダード石油会社が量産法を確立した「ブチル・ゴム」でした。

ブチル・ゴムは、気体を通さない「不透過性」が抜群だったのです。ただちに、自動車タイヤのインナー・チューブ用として採用されました。すぐに用途別の優先順位が決められ、どうやら、自転車のインナー・チューブにまで「ブチル・ゴム」が普及するのは、第２次大戦後であったようです。

１９３９年にヨーロッパで始まった第２次大戦に、当初、アメリカ合衆国は、公式に関与をしない外交姿勢を見せていました。が、Ｆ・Ｄ・ローズヴェルト政権は、米国がそのまま中立を続けられるとは思っていませんでした。

ＦＤＲ政権は１９４０年に、ゴムを「戦略的必需物資」に指定し、統制団体の「ゴム準備会社」を設立して国内在庫を監理せしめ、合成ゴムの増産を業界に促します。

米国は１９４１年時点ではまだタイヤに適した合成ゴムの量産をしていません。１９４０年時点で米国内で消費されたゴムのうちのわずか０・４％が合成ゴムだったといいます。ブチル・ゴムは「ＧＲ‐Ｉ」（米国政府官製、ゴム、イソブチレンの略）と名づけられ、工場から出荷され、次第に軍需産業に供給されました。

米国が１９４１年末に公式に第２次大戦に参戦しますと、生ゴムの配給を極端に絞られてしまった民間業界にとっても、合成ゴムが必需素材に昇格します。

ブチル・ゴムは第2次大戦後に自転車用チューブの定番素材になった

FDR政権が国家の管理下に置いた米国内の合成ゴム製造業界は、第2次大戦の終了とともに統制の必要がなくなったので、1946年から55年にかけて逐次に、民間経営者が再び自由に製造して売り先を選べるようになります。

1950年代のなかば、米国内におけるゴムの総消費に占めた合成ゴムの比率は、天然ゴムと半々だったそうです。同時期の他の先進国では、合成ゴムのシェアは10%にとどまっていました。

米国でも、その余の諸国でも、ブチル・ゴムから大きな恩恵を受けたのは、各種の空気入りタイヤです。1950年代に自動車のタイヤのチューブレス化が始まり、それは70年代にほぼ完了するのですが、ブチル・ゴム素材の普及なくしては、この進化は考えられないことでした。

農業用トラクター、オートバイ、自転車、オフロードの特殊車両などのタイヤは、引き続き「インナー・チューブ」とアウター・ケーシング（その表面にトレッドやサイドウォール）の組み合わせを採用し続けますが、そのインナー・チューブ素材も、空気が24時間で相当に抜けてしまうラテックスから、一度入れたら空気が何日も抜けないで保たれるブチル・ゴムへ切り替わったことは、言うまでもありません。

戦後のブチル・チューブは合成ゴムながら、生ゴムよりも廉価になりました。生ゴムと比べたときの唯一の不利は「重い」という点で、他のすべての特性では有利でした。タイヤのアウター・ケーシングの寸法が多少異なっても、ブチル・ゴムのインナー・チューブの方で容易にそれにフィットしてくれましたし、殊にパンクに強くなったことは、長年の自転車ユーザーにとって、ひとつの革命だったかもしれません。

（財）自転車産業振興協会編纂の『自転車の一世紀——日本自転車産業史』（昭和48年刊）によると、今日の日本国内の自転車があたりまえに使っている「ブチル・チューブ」が登場したのは、昭和24年（1949年）でした。天然ゴム・チューブのそれまでの自転車は、毎朝、空気を入れる必要があったのでしたが、ブチル・ゴムは天然ゴムの八分の一しか空気を通さないので、その習慣も忘れてよくなりました。強度もありました。ただし比較的に高額なため、昭和36年時点では国内向け自転車の1％だけがブチル・チューブだったということです。

また堀江順策「自転車タイヤのわだち」（『日本ゴム協会誌』第55巻1号）によれば、第2次大戦後、海外の自転車タイヤメーカーは、1950年より前に、タイヤ構造中の「スダレ」と呼ばれる層に木綿糸ではなく、化繊糸を使い始めていたようです。

インドシナの仏領植民地に多かったプジョー製の自転車

戦勝国のフランスや、その植民地だったインドシナにおいて製造・販売された自転車のチューブがブチル・チューブ化したのが、日本よりも遅かったとは考えにくいことです。

ディエンビエンフーの戦いは、1954年3月から5月にかけてでした。ベトミンの輜重用自転車は200kg以上の需品を吊るしてひと晩中押して歩いてもタイヤから空気が抜けず、ケーシングの微少なほころびからチューブが脱出してパンクするような、ラテックス素材ではありがちだったトラブルにも悩まされずに済んだのでしょう。その10年後の1964年には、ベトコンの輜重用自転車に300kg以上の需品を山積みしても、チューブがもちこたえるようになっていました。

ちょうど、1964年頃が、世界の合成ゴムの量産力が拡大して、軍需だけでなく民需のあらゆる場所に適用可能になった年だったようです。

1960年代、ブチル・ゴムを合成するときの「硬化速度」が著しく改善されています。他にもタイヤにかかわる技術の改善があり、そのおかげで、ベトミンよりもベトコンのほうが、1台の自転車に吊るせる荷物の量が増えているのでしょう。

ところで、ディエンビエンフーでベトミンが使った自転車は、多くが、フランス人がベトナム人に売ったプジョー製の輸入自転車であったと考えられます（Wesley Cheney記者による2017年1月30日記事「How the Bicycle Won the Vietnam War」を参照）。タイヤのメーカーはミシュランでしょう。

遡りますと、プジョー氏は19世紀に粉挽き用の水車を造っていましたが、その水車の儲けを元手に鉄工所の経営に手を拡げ、1882年から、ペニーファージング型（達磨型）の自転車を売り出します。プジョーは1889年からは自転車を輸出するようにもなりました。

第1次大戦中、プジョー社は、6万3000台の自転車、9000台の自動車とトラック、1000台のオートバイ、1万1000基の航空機用エンジン、600万発の砲弾を製造する大企業に成長しています。

1926年に、プジョーの自動車部門と自転車部門は、それぞれ別会社に分離されます。ボリュー（Beaulieu、スイス国境に近いDoubs河の流域）にあった自転車の主工場では、1930年代に、毎年16万2000台を製造したそうです。

第2次大戦中は占領軍のドイツに接収されていましたが、戦後すぐに、操業を再開。自動車会社のほうでは、1948年に乗用車「プジョー203」の製造販売を始めて、そのモデルは50万台以上売れたそうです。

1955年までに、従業員3500人のボリュー工場では、自転車を年に22万台を製造するようになっていました。

しかし50年代は欧州でも自家用車ブームで、1956年にはボリュー工場での自転車生産数は、ピークの半分に落ちたそうです。

1958年、プジョーの自動車工場から、製造機械の一部を移転し、自転車工場を梃入れしたそうです。

1960年代には、大衆はレジャー用の自転車を欲しがるようになっていたので、プジョー自転車は、スポーツ車、レース車、ツーリング車などのラインナップを増やしてその需要に応じました。

北ベトナムにプジョーの自転車工場があったとする、漠然としたネット記事も目にしましたが、私が他の資料で確かめられたのは、戦後にカナダにも自転車工場を建てたということだけです。

プジョー・ブランドの自転車が、第2次大戦後の南北ベトナムにて一貫して普通に見られたことは疑いがありません。おそらくボリュー工場が終戦後の某時点でブチル・チューブを採用したのであれば、その製品はすぐにもベトナム市場へも持ち込まれたでしょうし、ブチル・チューブには汎用性がありますから、他メーカーのブチル・チューブでもインドシナのマーケットに船着し次第、人々はそれを既存の自転車タイヤにレトロフィットさせたに違いないと思います。

いまのところすべて私の想像にすぎませんが、そのチューブの組成の切り替わりが、ちょうど1954年のボー・グエン・ザップ将軍による自転車大動員に、間に合ったのではないでしょうか。

ひきかえて、耐パンク性に優れるブチル・チューブを使うべくもなかった1940年代前半の旧日本軍にとって、自転車のタイヤの空気は、何もしなくとも、ひと晩で抜けてしまうものでした。ラテックスのインナー・チューブとアウター・ケーシングのタイヤは、大きな荷重がフレーム上にかかっていた場合、ジャングル道の切り株や、尖った石ころを踏んでもすぐに穴が開いたでしょう。その修理は、マレー半島のゴム林の中でならばどうにかなりましたが、ビルマやソロモン諸島やニューギニアでは、あきらめたほうがよいと思われる頻度で必要になったのでしょう。

そこで、《金属リムには縄などを巻いてチューブを外してしまって、その自転車には乗らずに押して行く》という発想が持てなかったところが、不思議でもあり、残念でもあります。

ついでに紹介しておきますと、ベトナム人の経験では、三輪自転車は雨期に使い物にならないそうです。三輪のうちどれかが泥につかまるとスタックしてしまう。それを回避することはできないそうです。この三輪自転車とは、「シクロ」のことかもしれません。

先の大戦中の軍医たちの実録資料に基づいて書かれている箒木蓬生の「蛍の航跡」という小説を読みますと、昭和20年のサイゴン市内には「自転車の前に座席をつけた」「シクロ」という人力車が走り回っていたことがわかります。おそらくこの自転車の製造元も、「プジョー自転車会社」が多かったでしょう。

第2次インドシナ戦争＝いわゆる「ベトナム戦争」

1963年に米軍は「アドバイザー」を1万2000人も南ベトナムに置いていました。かんぜんにフランス人の役割を引き継いだのです。名分は《共産主義ドミノを東南アジアで予防する》ことでした。

それから6年間、最盛期には米兵が50万人もそこに投入されています。

フランス人は、自転車をあなどるな、と忠告を与えました。米軍は、無視しました。フランス軍とは航空戦力が段違いだよ、という自信があったからです。いかにも、1968年までに米軍はベトナムで数千機のヘリコプターを失っても平気でした。

米政府は、北ベトナムが、北朝鮮と同じことをすると考えました。すなわち正規軍の南侵です。しかしそれはちっとも起こらず、ボー・グエン・ザップは、ゲリラを南ベトナムの全土に浸透させます。

それに「ベトコン」という軽蔑的な名称を進呈したのは、1958年のゴ・ジン・ジエム（1955年から63年まで、初代南ベトナム大統領）です。

ベトナム戦争中、ベトコンは連日、数十万台の輸送用自転車を駆使します。

その自転車要員は、平均して毎日25マイル走り回ったそうです。

蔓植物で編まれた、脆い人道吊り橋を通れるのが自転車輸送の強みでした。ジャングル内にはそれが無数にありました。

またみずからはエンジン音を出さないおかげで、上空に米機がやってきたらすぐに気付いて藪の中に隠れることができました。

「ホーチミン・トレイル」――日本のマスコミ俗称だと「ホーチミンルート」――が延長整備されたのは1960年代の前半です。それは最終的には車道になります。1975年時点で、12000マイルの網の目を構成していました。

ラオスやカンボジアとの国境あたりはジャングル密度が濃く、人口はまばらです。密林内の細道は、人が歩けば1日に6マイルしか進めないようなところでした。ホーチミン・トレイルは、敢えてそんな密林を縫うようにして設定されました。

1964年に、米海軍が北ベトナムの港の封鎖にかかったのを契機にして、北ベトナムはこのトレイルを拡張し始め、1966年には補給の主幹線になっていました。

ウィルフレッド・バーチェットという豪州人ジャーナリストは、1963年から64年にかけての数ヵ月間、「ホーチミン・トレイル」をじっさいに500マイルほど、自転車でベトコンに同行した最初の西洋人です。彼の見聞は『ベトナム――ゲリラ戦争の内幕』という著作にまとめられています

（本邦未訳）。

取材の初日には、25マイル（40km強）進んだそうです。

フィッツパトリック本からの間接引用となりますが、貴重なバーチェットの証言をいくつか、ご紹介しましょう。

自転車は、出発点から目的地まで、1台を通して押すのではありません。たとえば、渡し船の待っている川岸に至ると、そこに自転車を置き捨ててしまいます。荷物だけおろして、それを持って対岸へ移れば、そこに別な自転車が用意されていますので、こんどはその自転車にまた荷物をくりつけ、運送の旅程を続けるのです。

トレイルの途中、たんに森をきりひらいただけの簡素な休憩点がたくさんあり、そこでも荷物をリレーします。ただし、数日ごとに、リレー駅の場所は変える必要がありました。

この逓伝式運送システムは、言うなれば、レールのない鉄道を、数珠つなぎの自転車輜重兵たちが構成したようなものだったでしょう。《人間とゴムチューブのレール》だったのです。

ベトコンの足ごしらえは、廃タイヤから造ったゴム草履でした。西洋人は「ホーチミンサンダル」と呼んだものです。ゴムチューブを細く裂いたものが、革紐の代わりでした。

夜間の行進では、前のベトコンのすぐ後ろにぴたりとついて歩く必要がありました。少し離されますと、たちまち道に迷うからです。ただ1本の安全な小径の外側は、もう地雷原でしたから、そうなったら命がいくつあっても足りません。

蔦や竹だけで編まれている、原始的な「吊り橋」を渡るときが、いちばん恐ろしかった——と、バーチェットは回顧します。

フィッツパトリックは、元ベトコンが書いた従軍記も調べています。

それによると、彼らの携行品として、防蚊ネットとビニールシートが必備であったそうです。シートは雨衣代わりにするのです。

コメは全将兵が同じ量を配給されました。それは、1ヵ月分として20kgでした。

喫食時刻は、朝9時と夕方4時の、1日2回。ベトコンも、満腹には程遠かったそうです。

北ベトナム兵とベトコンは、糧食を、村人から「税金」として徴発することができました。

1965年を境に、ホーチミン・トレイルは自転車道からトラック道路に変貌します。南行と北行で常時4800両。この数はどんどん増え、それ以降は自転車の大活躍はありません。

しかしトラックが進入できない場所への送り届けのためには、なお、2000人以上の自転車ポーターが働き続けたそうです。

米軍がこの輸送を妨害しようとしてうまくいったのは、トラック道に対する、ヘリコプターによる襲撃だけだったそうです。

そのヘリコプター対策として、北ベトナム軍は、60年代後半に道沿いに高射機関砲を置くようになります。米軍は、陸軍のヘリコプターを退がらせて、空軍の「B - 52」戦略爆撃機から投弾させる妨害法に切り替えます。

戦後に集計をとったら、北ベトナムの輜重隊のうち、米軍からの空爆で損耗させられたのは、2%だったと判明しています。

しかし自転車隊の犠牲は小さくありませんでした。全体の1~2割の要員が、病気、疲労、野獣の攻撃によって死んだそうです。

ベトコンの強さの秘密を見抜いた大物ジャーナリスト

1967年10月に、ウィリアム・フルブライトが委員長を務めていた、連邦上院の外交委員会に対して、冷戦初期のソ連特派員（『ニューヨークタイムズ』紙のモスクワ支局長）としてピューリッツァ賞も得ているジャーナリストのハリソン・ソルズベリ（1908~93年）が、北ベトナムで見てきたばかりの話を証言しています。

ソルズベリは指摘しました。もし、魔術によって北ベトナム人が自転車を使えなくしてやることができれば、瞬時に戦争は終結するだろう、と。彼は、ベトコンが補給を受け続けていた独特の仕組みを、その慧眼によって見抜いたのです。

フルブライトは驚いて、自転車がそんなにも重要だということを、わが軍はわかっているのか――と聞き返さずにいられませんでした。その答えは誰も知らないようでした。

北ベトナムでは、自転車は配給品でした。トラックが新車を満載してやってきて、人々のボロボロの自転車ととりかえるのです。ソルズベリの観察では、最高の貴重品は、新品のチェーンのようでした。

ソルズベリ証言によれば、北では「自転車泥棒」はごく普通だったそうです。聖人君子が戦争しているわけでもなかったのです。

正確なカウントは至難ですが、一説にベトコンは、最盛期に20万人以上の、自転車輜重兵を駆使したそうです。

彼らは、トラックを使わなかったわけではありません。

１９６４年から、重要補給ルートになっている道の拡幅工事が進められました。ソ連から援助されるトラックを活用するためです。

米海軍は１９６５年から、ベトナム沿岸の船舶輸送を遮断する作戦を展開しています。それまで沿岸の小船によって70％の物資が南下していたのでしたが、２年後には10％に絞られました。

沿岸輸送を補うためにも、北ベトナムは内陸ルートを拡充する必要がありました。

夜間に走る北ベトナムのトラックは、ヘッドライトを「片目」にして、オートバイになりすますことで、米軍機からの攻撃を避けようと図りました。

トラックが兵站の中軸になりますと、自転車は、トラックが通れない区間をリレーして穴埋めする役割にシフトしました。

トラックには弱点がありました。米軍のヘリコプターは、昼間、低空でパトロールすれば、移動中のトラックを発見できました。また、磁気感応式機雷のセンサーを爆弾にとりつけた「磁気地雷」を、航空機からホーチミン・トレイル沿いに投下して、地中にめりこませるようにしたものにも、トラックはひっかかります。

それに対して、ジャングル内の自転車用の細道は、樹冠の植生が対空遮蔽をしてくれますので、米軍ヘリからはまず発見できなかったのです。

ソ連は600台以上の大型トラック（2・5トン積み）を援助しています。その荷物は、最終的には6万4000台以上の自転車に小分けされて補給されたそうです。

自転車の全盛時代を終らせたのは、米軍ではなくホンダのカブであった

1964年に、ホーチミン・トレイルの全経路を、924ポンドの荷物を吊るして運んだ自転車が、記録されているそうです。もちろん2人がかりで押した、例外的なチャレンジでしょうが、その頃におそらく、ベトナムの「パック・バイク」（荷物運搬用自転車）は技術的完成の域に到達していたのでしょう。

1969年から、東南アジアに日本製のオートバイが洪水のように輸出されてきたそうです。それで1970年以降は、ゲリラまでオートバイを活用できるようになりました。

俄然、ベトコンが得られる物資も豊かになったそうです。南ベトナム内の各所から盗んで運んで来られたのです。

1974年の「パリ協定」によって、米軍は空爆をしないことになりました。陸上交通を対空遮蔽する必要がなくなったことから、北ベトナムは道路を舗装し、100㎞おきのサービス・ステーションと、その中間の小規模デポを点々と設け、軍の兵站はいまやトラック中心にすっかり切り換わりました。

2024年1月に旅行してきた人の話だと、ホーチミン（旧サイゴン）市では、すでに自転車に大荷物を載せて運んでいるような人は、どこにもみかけなかったそうだ。（写真／H28FanSite）

トラックは夜間でも30㎞／時が出せるようになりました。

ベトナム政府の公式案内によると、さいごは自動車道が2万㎞、自転車道が３０００㎞の総延長になったそうです。

南ベトナム政府軍を支援した米軍も、自転車の効能は理解していました。舗装道路さえあれば、時速8～10マイルで平均50マイル（80㎞）、無理すれば１００マイル（１６０㎞）を１日で走破してしまうことができ、しかも、その直後に戦闘加入が可能でした。徒歩部隊ですと、そんな大活躍はできません。

南ベトナム軍の歩兵中隊は、自転車があれば、ブラウニングの7・62ミリM１９１９機関銃（重さ14㎏）や、60ミリ迫撃砲を、中隊用の重火器としてともなうこともできました。

道路のまんなかに爆弾のクレーターがありますと、米国製の「2トン半」トラックはスタックしてしまいますが、自転車ならば穴を避けて通れます。

しかし南ベトナムのメコンデルタ地帯のような、湿地、氾濫地、水田地帯を、自転車は通行できないため、そこではもとから自転車が普及をしていなかったそうです。

それでも米陸軍は、南ベトナムの農村を防衛させる現地部隊に自転車を持たせ、それを少数の装甲車でサポートさせようと考えています。

今回の実験に供したマウンテンバイク。前輪後輪とも、チューブとゴムを脱した。（写真／Y.I.）

〈実験リポート〉

ゴム無し車輪のプッシュバイクで本当に使い物になったか？

日本人にはいまだに「実験精神」が不足しています。支那事変中の「統制官僚」が、そして大東亜戦争中の陸軍エリートたちが、揃って「プッシュバイク」の可能性、戦時に発揮される経済性に思い至らなかったのはなぜか？　小学校時代から、科学的にチャレンジする態度を誰にも奨励されずに育っているからでしょう。訓導たちがそもそも、「実験主義＝科学精神」をもちあわせていなかったのです。

平時からいろいろな実験を重ねておくことは、計り知れず有益です。脳内想像だけでは気付けなかった、思わぬ事象に遭遇し、知見をブラッシュアップすることができるからで

合計80kgの砂袋を取り付けてみた、改造プッシュバイク。（写真／Y.I.）

す。

平時に何の実験もしていなかった者が、有事にとつぜん迫られて困難な課題を解決しようと奮起しても、なにしろ「本番＝実験」です。どうしても無理や無駄が多くなってしまうでしょう。そこに大勢の人の命がかかっていたとしたら……？

本書の主張を世に問うにあたり、何の実験もしないのはやはり宜しくないと私（兵頭）は考えました。プッシュバイクの機能にも限界というものがあるはずです。その「体感」をいささかなりとも実験で探っておきませんと、あるいは将来、どこかで、ビルマの牛が「自転車」に置き換わっただけの非科学戦略の徒花が咲いてしまうかもしれません。

今回さいわいにも、降雪の影響をあまり蒙らない関西某地に、篤志の協力者を得ることができました。

2024年1月下旬〜2月初旬、ゴムタイヤとブチル・チューブを外して鉄リムを剥き出しにし、サドルを外したシートポストには右手で握るための塩ビ管を突き挿した、臨時改造マウンテンバイクのフレームに、総計80kgの砂袋を吊るして、斜度15度の箇所もある山道を数km、押して歩いてもらった実験の模様を、Ｙｏｕｔｕｂｅにて公開しております。

詳しい計測値等も、この動画から把握できるように撮影・編集してあります。

車輪のリムの凹部には麻紐を充塡する如く巻きつけ、その束をダクトテープで押さえました。

荷重を80kgに抑制したのは安全のためです。

その模様は、みなさまの眼で、お確かめください。

あらためて、全読者を代表してここに深甚の御礼を申し上げます。

「Ｙ・Ｉ・」さん、どうもお疲れ様でした！

実験に取り組んでくださった「Y.I.」さんいわく。「サドルに突っ込んだ棒は、柔軟かつ丈夫でないと容易に折れると思います」「坂は15度を超えると1人では難しい印象です」（写真／Y.I.）

第6章　自転車は「エネルギーと食糧の地政学」をこれからも左右する

欧州の道路は、自転車にも自動車にも好都合だった

１９１４年9月、中立国ベルギーのリエージュ市とガン市は、重い爆薬を自転車に載せて運ぶ、ドイツ軍の先遣爆破工作隊約１００人による奇襲を受けます。

第１次大戦の初盤でドイツがベルギーを占領してしまえるかどうかは、自転車のスピードにかかっていた——と、ある人は総括します（Wesley Cheney記者による２０１６年9月16日公開のネット記事「Bikes at War Part Two : The Great War」）。舗装道路が欧州随一の密度で完備していたことは、ベルギーを一層不利にしました。

アーネスト・ヘミングウェイが第1次大戦の体験を下敷きに書いた1929年の小説『武器よさらば』には、ドイツ軍の先遣隊が自転車で、退却するイタリア軍の末尾を疾風のように追い抜く描写があります。ドイツ兵たちはカービン銃を自転車にくくりつけ、手榴弾はハンドルの下にベルトで吊るしてありました。

戦間期、ドイツを含む各国の陸軍は、歩兵を自転車化した場合のメリットについて、研究しています。

もし、フル装備の歩兵100人に100㎞の行軍をさせるとしましょう。徒歩では3日かかるでしょう。非常な強行軍とし、夜間も休まずに歩かせれば、その日時は短縮できるかもしれませんが、敵の部隊の目前まで近づいて、いざ、戦闘加入というときに、溌剌と運動できるかといったら、とても、そんな体力も気力も、残ってはおりますまい。

では、その100人が1台のトラックをあてがわれたならどうでしょう? 道路が舗装されていないという前提ですと、やはり1~2日はかかってしまうのです。というのもそのトラックは、ノロノロ運転で20往復して、兵隊と荷物を運ぶことになるからです。

自転車はこの問題を解決します。道が舗装されていない場合であっても、100人の歩兵が、100台の自転車を与えられたならば、部隊は、24時間以内に、荷物込みで、100㎞先の目的地まで到着するでしょう。

さらに、１００人の歩兵に１００台の自転車、プラス、１台のトラックがついたとしますならば、歩兵たちは小銃だけを携えて自転車を漕ぎ、わずか半日にして１００㎞の悪路を走破できます。小火器以外の装備品は、１台のトラックが片道だけ走って、届けてくれるでしょう（調べてみますと近年のツールドフランスでは1日に１６０㎞くらいは平気で走っていますので、あり得なくもなさそうです）。

ヒトラーは自転車を推せなかった

アドルフ・ヒトラー兵長（伍長勤務心得）が第1次大戦中に鉄十字勲章を２つ貰ったのは、連隊司令部の自転車伝令としてであったそうです。

オーストリー市民であった彼は、ほんらいならば多民族的なオーストリー軍に徴兵されて入営する義務があったのでしたが、バイエルン地方政府の何らかの勘違いで、ドイツ軍に志願入隊することが許されました。

その経緯はともかく、所属した連隊３６００人が６００人にまで減った第1次イープル会戦でマスタードガスに眼をやられながらも生き延びた彼は、軍隊にずっと残りたいと思ったほど、その集団内の居心地を気に入りました。

大衆政治家として戦間期に頭角をあらわしたヒトラーは、大衆が自動車の保有を夢みていることを見抜き、その願望を叶えてやります。

この政策は、国内政治の面で、大成功でした。失業率は下がり、ナチス党の人気は爆上がりしました。

しかし、自国領内に油田をほとんど持たないドイツが、国内の陸上移動手段を、軍・民ともに、それまでの蒸気機関車、馬車、自転車から、内燃機関エンジン搭載の自動車にすっかり切り替えて行こうとすることは、エネルギー地政学上の深刻なリスクを孕むものでした。

石炭を化学プラントで液化する合成石油事業が、膨大な規模の国軍の液体燃料需要を賄えぬ場合、ドイツが周辺の列強から「経済的ブロケイド」を受けるやいなや、国家的な抵抗の道として、東欧圏やバクーの油田の強奪を狙って一か八かの戦争でも始めるしか、なくなってしまうかもしれぬからです。

ドイツは第1次大戦中、西部戦線の最前線には、英仏軍との対抗上、トラックを集中しました。が、後方の陸上はすべて蒸気機関車（軽便鉄道やトロッコも含む）と荷馬車と自転車でしのごうとしたものです。

鉄道は、英国の地政学者のマッキンダーが予言したように、ドイツが全ユーラシアを支配するための主手段とし得るものでした。

ドイツにとって稀少なガソリン・軽油を是非とも必要とする自動車・戦車によってではなく、資源潤沢な石炭で動いてくれる鉄道をあくまで主軸に、自転車その他をその補助として、対東方の国防戦略を組み立てることは、戦間期のドイツ指導部には、不可能だったのでしょうか？

トム・アンブローズは、こう指摘します。オランダは無階級社会で、誰もが中産階級の市民として屈託なしに自転車を利用し得たが、ドイツでは自転車は労働者階級のものと看做され、中産市民や軍の将校から見下された――と（甲斐理恵子訳『50の名車とアイテムで知る 図説 自転車の歴史』）。ちなみにオランダの自転車ブランド「ガゼル」は、戦間期に蘭領インド（今のジャワ島、スマトラ島など）へも輸出されています。

オランダと違い、ドイツは階級社会でした。そのままではなかなか一致団結が難しかったドイツ語圏の住民を、マルクス主義ではない何か別の倫理で束ねる必要があって、ナチズムは「民族」や「人種」を強調するようになったのです。おそらくヒトラーは、自動車を中産階級だけでなく労働者階級にも与えてやることでも、階級社会を解消できると直感していたでしょう。

ナチス党支配体制の基盤が、大衆モビリティの自動車化だったのですから、ドイツ国軍をますます自動車化・機甲化しない、などという路線は、第三帝国の指導部としては、あり得なかったのです。

しかし1939年9月にポーランドを電撃占領した直後のベルリンでは、さっそくガソリンが逼迫し、市民はできるだけ自転車を使うようにと指導されています。ドイツの根本問題が浮上しました。

1939年の「冬戦争」で、ソ連軍はフィンランド軍のスキー歩兵に翻弄されます。フィンランド兵は、戦争が夏まで長引いた場合は、スキーを自転車に換えるつもりで準備をしていました。が、そうなる前の40年3月に、モスクワとヘルシンキの両政府間で和平協定が成立しました。

第2次大戦後のフィンランド軍は、欧州の中でもめずらしく、21世紀に入っても、すべての徴兵に自転車を使った訓練を課し続けているそうです。

1940年5月、大量の自転車歩兵をともなって陸続きのオランダを急襲し、5日間であっけなく占領したドイツ軍は、同地で数百万台の自転車を押収しました。

しかし、マーティン・クレフェルトが『補給戦』で書いているところによれば、1944年にドイツ本土で住民を根こそぎ動員した急造師団は、兵員1万72人、自動車426台、オートバイ119台、馬匹牽引荷車1142台、自転車1522台が定数だったそうで、してみますと、数百万台もあったはずの自転車は、とっくに消耗していたようです。

1945年春、オランダからドイツ軍が逃げ出すときは、BBCの謀略放送の効果もあって、われさきの敗走となりました。ドイツ兵は来たときと同様、住民から自転車を強奪し、負傷兵は自転車が牽引する荷車に載せて、帰って行ったということです。

1940年にダンケルクから撤収した直後、英国本土では65歳までの男子が「郷土防衛軍」に動員されます。自転車が、老人兵に青年並みの機動力を与えてくれました。

同様、1945年の断末魔のドイツ国内では、少年と老人からなる「国民突撃隊（Volkssturm）」が編成されています。使い捨て式火器の対戦車無反動砲「パンツァーファウスト」を2本、自転車にくくりつけて、彼らは前線まで移動するように言われました。

1941年のバルバロッサ作戦開始の際には、ドイツ参謀本部は、数十万台の自転車をドイツ国内から移動させて、装甲師団の後ろを走らせました。モスクワまでは、1本の車道以外、ぜんぶ荒れ地で、そこでは、自動車化師団よりも自転車歩兵のほうが移動が速いほどであったそうです。

ドイツ軍による1940年の「西方電撃戦」では、占領した諸地方のガソリンスタンドを押収するだけで、ドイツ本国に足りなかった車両用燃料の補給ができてしまいました。しかし1941年の対ソ戦ではその勝手が変わり、ドイツ軍の戦車やトラックを走らせるためのガソリンを、ドイツ本国からはるばる運送して前線部隊まで届けなくてはならなくなります。距離においても量においても、このような兵站活動は、持続が不可能でした。

ソ連領内の鉄道網は、ドイツからの侵略を警戒して、西欧の鉄路よりもゲージ幅を広くしてありました。ドイツ国内から機関車や貨車を東進させようとしても、ソ連国境から先へは進めなかったのです。この場合、時間をかけてでも「改軌」の土工をしながら前進するという選択があり得ましたが、事を急いだヒトラーは、その時間を惜しみました。

独ソ戦の初盤において、スターリンは、ドイツ軍に占領されそうな地域の工場設備をことごとく引き剥がしてウラル山地まで「産業疎開」させています。そのはかりしれぬ総動員の苦役と比べたなら、専門の鉄道連隊に任せられる「改軌」や軽便支線の建設など、高が知れた投資だったのでしたが、「自動車化・機甲化」がじぶんたちのアイデンティティになっていたドイツ第三帝国には、その姿は面白くなかったのでしょう。

鉄道と自転車には、相通ずるところがあり、それは中世の「駱駝」と比べられる

蒸気鉄道システムと、人力走行自転車は、どちらも18世紀に登場し、どちらも、大衆の「モビリティ」の視程を一変させました。それ以前ですと、隣の村にすらでかけることなく一生を終えてしまう人は、欧米にたくさんいたのです。

このふたつの移動機械には、途中でどこかが故障したような場合でも何とかなるであろうと思える、一種の気楽さがあります。げんに第2次大戦や朝鮮戦争中の鉄道は、いくら激しく爆撃されてもじきに修理されて、運行を再開し得ることを証明しています。

長い旅の途中で、専用の「中間デポ」が用意されていないとしても、蒸気鉄道や自転車は、輸送と

移動のミッションを達成するでしょう。

この長所は、「ヒトコブラクダ」と似ています。

1975年に『The Camel and the Wheel』（本邦未訳）を著したR・W・Bullietは、なぜ中世イスラム圏には車両（馬車や荷車）というものが消えてしまっているのかに疑問を抱き、調査の結果、ついに、その理由を解明します。

ヒトコブラクダは、熱い砂漠の気候に特に適応している駱駝です。

これが馴致されたのは、紀元前1100年頃のシリアではないかと言われています。

砂漠に暮らし、水場には、たまにしか寄らないことによって、ヒトコブラクダはサバイバルしていました。そこに人間が来て、野獣を駆逐してやりましたので、ヒトコブラクダが人間に馴れる下地もできたのです。

紀元前1000年から紀元前500年のあいだの某時点で、アラブ人がヒトコブラクダ用の「荷鞍」を完成。そのときから、アラブ経済の勃興が始まりました。

パック・キャメル（荷運び用の駱駝）の背には、騾馬の限度以上の貨物も搭載できました。

ローマ時代の牡牛と比べますと、駱駝の寿命は4倍でした。

ローマの牛車は1日に9マイル行くのが限度でしたが、駱駝隊はいちどに20マイル以上の行進ができた上、途中の川の渡渉で溺れる心配もありませんでした。また映画の『アラビアのロレンス』を信ずるなら、水なしで19日間も生存できます。

駱駝を使うなら、樹木の乏しい土地で、自重1トンの荷車を製作する面倒もありません。

だから、2世紀のエジプトでは、駱駝の値段は、牡牛の2倍、ロバの4倍、していました。それでも商人の初期投資としては安いもので、維持コストの低さにより、すぐにその元がとれました。

輓曳の荷車は、動物2頭につき、御者1名が必要でしたが、車両を使わない駱駝隊なら、3〜6頭を数珠繋ぎにして、1人が付き添うだけで済みます。

北アラビアで、専用の荷鞍が発明されて以降、駱駝部隊は、道路不良な熱地において、車両部隊に対して常勝となりました。

ヒトコブラクダを繁殖させるノウハウとスキルを有していたのは、ノマド（ソマリア人とベルベル人）だけでした。ノマドは、駱駝の力によって、それまで自分たちをさげすんでいた都市商人や定住農民を逆に支配するのです。農民たちには、牛や馬の繁殖ならばできましたが、駱駝となるとまったく無理でした。

ノマドは勢いを得て、さらに、牛や馬や車両に頼っていた周辺の帝国を、征服するようになります。

メッカは、キャラバンのオアシス都市でした。

イエメンからシリアまで、旅は2ヵ月かかります。その中間に、メッカは位置していました。

そこには港はなく、川も流れていません。だから駱駝を使いこなせない外国軍は手が届きません。逆にノマドがメッカを出撃基地とすれば、そこから周囲の交易路を支配できました。

荷車には、パック・キャメル以上の荷物を積載できますが、前提条件として、まともな道路や橋が整備されていなくてはなりません。砂地や悪路しかなければ、荷車は前に進まなくなります。駱駝はその足の裏の特殊構造によって、砂地を前進できます。

気候がヒトコブラクダの繁殖に向いていないカスピ海沿岸と、イスラム支配の遅かったアゼルバイジャンでは、中世以降も、車両が生き残り続けていますが、他の地域では、中世に車両が消えてしまいました。

動物が背に載せて運ぶ大砲は、まず中東で試みられて、そのあと欧州軍が「山砲」として採用しています。

1722年にアフガン人は、フタコブラクダに駄載させた小型砲を100門、集中運用して、ペルシャの大軍を撃攘しています。1門は重さが80ポンドありました。

トルコの気候は寒くて湿気もあるので、ヒトコブラクダは長く生きられませんでした。

スペインには、良い道路があったおかげで、馬と車両の軍隊によってイスラム勢力を追い出すことに最後に成功しました。水と餌が豊富なら、騾馬・馬のパフォーマンスはとても軍隊向きです。

1920年代から、世界の駱駝の個体数は、減り始めています。モータリゼーションが、駱駝を最終的に駆逐したのでした。

「自動車化」は、軍隊を半「奴隷化」した

駱駝や自転車や鉄道の気楽さと比較しますと、第1次世界大戦いらい、先進国陸軍の「モビリティ」の主役に躍り出た、内燃機関動力の輸送機械――自動車、トラック、戦車、装甲車、自走砲――には、常に大きな心配事がつきまとって離れません。

軍隊が移動を開始する出発点と、ゴールとのあいだに、いくつもの、中間デポ（補給廠）が要求されるようになりました。

そこでは液体燃料が手に入らなくてはならず、消耗品的なスペアパーツも置いてなくてはならず、整備技師の集団も必要です。

中間デポの設けがあらかじめない場合には、部隊が出発点から、その機能を別なトラックにまるごと載せて随伴させせないといけません。その運送のためにも液体燃料代と人件費が容赦なくかかってきます。

軍隊の自動車化・機甲化は、軍隊の移動計画の即興性を、距離の累乗に比例して不自由化する枷（かせ）に

もなりました。

あたかも今日、低所得世帯が無謀に高級乗用車を購入して、金満有閑者並みの旅行・遊興の自由を得たように一瞬は錯覚しますが、そのガソリン代や高速道路利用料金、車庫・駐車場にかかる経費、関連諸税、保険料、車検代、タイヤの買い換え費等の負担に、やがて家計が押しつぶされんとするのに似ていたでしょう。その支払いの工面のため、オーナーは、喘ぐようにしてカネを稼がねばなりません。重い経費は、その自動車をすべて手放してしまわない限り、軽くなることはないでしょう。

自国内に優良な油田と精油所を抱えているか、負担の多くを植民地など自国の外へ転嫁できる立場の「持てる国」だけが、モータリゼーション時代にかろうじて平気な顔をしていられたのです。

1940年に始まった独ソ戦は、もっとおそろしい事実をわたしたちに教えています。《中間デポ》の負担は、大産油国のロシアにとってすら、過重だったのです。もし、米国からの燃料・トラックのおびただしい現物支援（レンドリース）が与えられていなかったなら、独ソ戦の帰趨がどうなっていたか、誰にもわかりません。ソ連軍は、米国の後方兵站支援なしでは、中規模の自動車化軍隊でしかなく、ドイツといい勝負でした。後方に行くほどピラミッド状にぶあつくしなければ最前線を維持できない現代軍隊の「後方支援システム」の負担を、米国が、肩代わりしてやっていたのです。

軍隊が自動車化された時代の戦争では、米国がその補給力をどっちかの陣営に使わせてやるだけで、兵站戦の帰趨は左右されるでしょう。ソ連ですらもその枠外ではなかったと考えられます。

なぜ自転車の発明は、鉄道の発明に匹敵するほどの「輸送&移動革命」だったのかというと、《中間デポ》が要らないのです。自転車は、最前線で戦闘する予定の歩兵が、最後方のＢａｓｅ（補給策源）から、ダイレクトに、じぶん自身用の武器と弾薬と糧食をかついで、長駆移動して、そのまま戦闘加入ができるので、中間部分に多大な人的資源や物的資源を割かずに済んでしまいます。

鉄道のばあい、「補給支援車両」を鉄路経由で任意の点まで呼び寄せるのに、さして大手間はかかりません。だから、爆撃されてもすぐに修理が済むわけです。

中世のイスラム軍は、「荷車」の無い軍隊でした。ヒトコブラクダのおかげで、中間デポに人を割かないシステムを構築できていたのです。

13世紀のモンゴル軍は、糧食である羊に自走させました。それで後方兵站を省略できたので、自軍のシステムの重さに押し潰されないで済んでいたのでしょう。

わが国のような「持たざる国」にとって、大正時代の「自動車化」が、現代化の罠でした。これに国力不相応に適応しようとすれば、中間デポの負担をにないきれず、自滅するしかなかったのです。

明治末以降の日本陸軍は、「自動車化」のトレンドに幻惑されることなく、堅実に「自転車化」するのが利巧だったでしょう。おそらくそれで、いくつかの戦争に勝てた可能性すらあります。しかし、人間の理性は常に有限です。

自転車歩兵部隊を乗馬歩兵部隊と比べた長所と短所は何か？

乗馬歩兵部隊が、敵との交戦を予期して、下馬して徒歩にて野外に展開するとき、タマが飛んでこない後方の窪地などに残して行く馬たちの面倒を見る役の者を、3馬～4馬について1名ずつは、付き添わせておく必要がありました。

歩兵たちが、再び乗馬して次の機動に移るときには、指揮官が指定した再集合場所まで、この「馬丁役」たちが、馬たちを縦一列に結び合わせた長い引き綱を取るなどして、自走によって移動させたのです。

これに対して自転車は死物です。

自転車歩兵が自転車から降りて徒歩機動に移るときには、各隊員は好きな場所にその自転車を乗り捨ててしまってもかまいません。

困った問題は、そのあとで再び自転車に乗って機動しようとする場合でした。

馬ならば、3～4馬を1名で連行して来ることが可能でしたが、なにしろ自転車は「自走」してくれませんので、そうは行きません。どうしても、車体数と同じ「回収役」の人を動かすか、部隊のトラッ

無人車による自転車回収の図（イラスト／Powerd by DALL-E3 with Y.I.）

クで回収して運ぶ必要がありました。

将来、自衛隊の普通科部隊を自転車歩兵化しようとする場合、ロボット化された無人車両が、乗り捨てた自転車を自動的に回収して、次の集合点まで運んでくれるようになると、問題の多くが解決されるだろうと思います。

またおそらくその次の段階では、電動バイクが、乗り捨て後に「無人自走」で再集合点へ移動してくれるでしょう。

イタリア軍の先進的な考え方

イタリア陸軍の「ベルサグリエリ」は、直訳すれば「軽歩兵部隊」だそうですが、１８９０年代からすでに「自転車歩兵」の代名詞になっていました。

以下、英国ＢＳＡ社の自転車博物館のＨＰ等からの孫引きでご紹介しましょう。

１８９９年に、イタリア陸軍「第12歩兵連隊」の中に最初の自転車中隊が１個、創られます。同年の演習で、それは使えることが確かめられました。この年は「第２次ボーア戦争」の勃発年です。すべての欧州軍隊が、自転車に注目をしていました。

その後、１９０５年までに、イタリア軍のすべての歩兵連隊の中に、１個自転車中隊が置かれました。ちなみにその年は、日露戦争が休戦した年です。

１９０７年、イタリア軍の中に、４個自転車中隊からなる、完全な「自転車大隊」が１個、誕生します。

１９１０年には、連隊を構成する４個歩兵大隊のうちの１個が完全に自転車化されている、そのような連隊が、12個あったそうです。

１９１２年９月にイタリア陸軍省は、北アフリカを支配するトルコ帝国軍（駱駝部隊）と対決するため、国内メーカーに6000台の軍用自転車を発注しました。その前からもう「ベルサグリエリ」は、派手な制帽のスポーティな自転車部隊として国民のあいだで人気を博していたようです。

当時のイギリスの自転車メディアが同部隊の訓練の模様を取材した記事があります。そこでイタリア軍の将校が自転車のメリットを次のように強調しています。

——軍馬は兵隊よりも早く疲れてしまう。また、軍隊が終日機動して、野営に移るときに、兵隊たちは、先に馬に水を飲ませるなどの手間のかかる世話をすっかり終えるまでは、休息も就寝もできない。それに比べると自転車歩兵部隊は、野営地に着くなり、すぐに寝てしまっても構わないのだ——。

イタリアの軍用自転車メーカーとしては、ビアンキ社が有名でした。

第1次大戦前、ビアンキ社は、年に4万5000台の自転車、1500台のオートバイ、1000台の自動車を生産していました。

じつは1910年より前は、ベルサグリエリも、民間仕様の市販の自転車を使っていたのです。

それに対してフランス軍は早くも1886年に、軍専用の折畳式の自転車を特注していました。

このトレンドに刺激されたイタリア陸軍は、国内の複数のメーカーに特注の軍用自転車を作らせてみます。トライヤルの結果、ビアンキ社のものがいちばんすぐれていましたので、「1912型」を発注することにしたそうです。本格量産と納品は1913年から始まります。

この「1912型」こそは、現代のマウンテンバイクの先祖となるそうです。鉄製なのに、全重がたった14kgしかありません。泥除けカバーもありません。車輪は24インチ径に抑え、背中に担いで運びやすくしました。ペダルが岩石にぶつからぬよう、クランク軸はじゅうぶん高いところに位置させています。

タイヤは外見では尋常に見えますけれども、ソリッドゴムタイヤでした。大部隊が荒れ地でいちいちパンクの修理などしていられないという判断です。ただし「将校型」と名づけられた、空気タイヤ仕様のバージョンも用意されていました。

ソリッドゴムの衝撃を緩和するために、フロントフォークには、ショックアブソーバーのバネが追加されていました。

後輪のギヤは大小2枚がついていて、停止時に指で掛け変えることができました。

兵隊用の自転車には、ライフル用の銃架が備わった標準バージョンの他に、機関銃を分解してその部品を運ぶためのバージョンや、迫撃砲を3つのパーツにバラして運ぶためのバージョンなどもありました。

第1次大戦が終盤にさしかかると、イタリア軍は自転車大隊を2個にまで減らします。そして休戦から2年後の1920年には、ベルサグリエリはいったん消滅します。

政治家ベニート・ムッソリーニがイタリアの行政権力を一挙に掌握した、その翌年の1923年、イタリア陸軍は、ふたたび自転車部隊を編成することになり、それにあわせて「1925型」を導入しました。

12個の新制連隊がつくられます。そのうちの6個が自転車連隊でした。数年後、残りの6個連隊も自転車化されました。

これらの自転車部隊はとにかくスピード重視でした。重火器や需品は、あとからトラックが追いかけてきて届ければいい、という段取りになっていました。

つまりモータリゼーションの折衷形態を発明したのだと思います。「持たざる国」の合理解でした。

フィッツパトリック本によりますと、ベルサグリエリ大隊は自転車戦術の開拓者として世界中から一目置かれていたそうです。あるいは、昭和16年に台湾で自転車作戦について研究していたときの辻政信中佐（第3章の中ほどをごらんください）の周辺には、かつてイタリアに駐在していたり、欧州出張の途中でイタリア軍を見学してきた、若手のエリート幕僚が存在したのではあるまいかと、わたしは思います。

スイス陸軍の実践

両大戦間期にも、有力な自転車部隊を維持し続けた国の代表として、スイスがあります。スイス連邦陸軍が自転車を使い始めたのは1891年で、それは司令部勤務を望む徴兵が自弁で持ち込んだ私物でした。当時、乗馬を自己負担で用意する下士官には、司令部伝令となれる資格が与えられており、その慣行の延長だったようです。

スイス連邦軍としての、最初の制式自転車は「MO-05」、すなわち《1905年型》といい、変速機はありませんでした。ブレーキは、前輪がスプーン・ブレーキ（へら状の圧子を上からタイヤに押し付ける原始的なメカ）、後輪はコースター・ブレーキ（第3章で説明しています）がついていました。その後、ブレーキには変遷がありますが、ギアがシングル・スピードなのは不変です。

爾来、社会のモータリゼーションや軍隊の機械化の潮流と関係なく、スイス陸軍が1990年代まで歩兵の自転車機動にこだわり続けてきたのには、相当の理由があります。

Wesley Cheney記者が2017年2月27日に寄稿している「The Swiss Army Bicycle Did All That, and More」というネット記事によれば、事情はこうです。

19世紀に永世中立国の地位を獲得して以降、スイスは、他国の本格侵攻を受けたことはありませ

戦前のスイス軍の自転車歩兵。車体レイアウトは典型的な「安全型」だ。右端の車体のダウンチューブには空気ポンプらしきものが添えられている。（写真／wikimedia commons）

ん。偶発的に爆撃されたりしたことはありましたし、できれば占領してしまおうとチャンスを窺った近隣国も複数ありますが、スイス国民は、永世中立国の義務として、いかなる外国にも陸上侵攻を許さない実力を整備し続けてきました。「国民皆兵」制度もそんな努力の一環です。

スイスの国境は、全周が外国によって囲繞（いにょう）されています。

未来の有事にどの国境から敵が攻め込んでくるのかは、事前には、わからないと考えるべきでしょう。

しかしそのときがきたなら、どの方位であっても、そこへすみやかに各地域からスイス兵を集中できなくてはいけません。これを「内線機動」といい、それが敵の一点集中よりも速ければ、小国であっても任意の戦場で数的な優越を得ることができます。

スイス国内には山岳道路が四通八達しています。けれども、それらの道路は有事には、敵、味方、あるいは自然災害等のせいで、車両が通行できなくなってしまうことがあるでしょう。また、国際情勢しだいでは、スイスが100%輸入に依存している自動車用燃料の備蓄が、底を尽くおそれもあります。

そんなときでも、複数の歩兵連隊の戦略機動手段を平時から自転車にしておいたならば、内線機動のスピードが鈍ることはありません。自転車は、人が押して斜面をトラバースしたり、人が担いで段差を昇ることができますので、たとい1本しかない峠道が土砂で塞がれたり崩落してしまっても、その障碍を越えて通れます。敵軍が途中を塞いでいるなら、路外の山中を迂回することでバイパスもできるでしょう。マイナーな故障があっても、乗り手が30分で修理してしまえます。ジープやトラックでは、こうはいきません。

「MO‐05」は、1989年まで6万8000台強が製造されました。

自重は、初期には23・6kgでしたが、第二次大戦後の1946年のマイナーチェンジ・モデルで21・8kgに減じたそうです。

スイス軍の自転車連隊（第2次大戦中には3個あり）は、各兵が、それぞれ75kgの荷物（武器、弾薬、その他）とともにこのシングル・スピードの軍用自転車に乗り、一夜機動でスイスの山岳道路を200

km、移動できるように鍛錬していました。全員が、国際競技にエントリーできるレベルの身体エリートだったと言えます。

スイス陸軍は、騎兵が機動できない難地形においてなお、自転車は機動できることを発見していました。

この《特殊部隊》を普通の任務に投ずるのは勿体無いので、かつてのボーア軍の「コマンドー」のように、敵の意表を衝いて奇襲を仕掛ける役目が、有事には与えられることになっていました。

1993年、スイス国防省は、軍の制式自転車を初めて全面的にモデルチェンジします。これが「MO‐93」で、シマノ製の7段変速ギアがつきました。自重は21・5kgです。

しかし冷戦の終了以降、スイスの若い成人の身体機能が以前よりも見劣りがするようになり、ソ連邦も消滅したことから、2003年に3個残っていた自転車歩兵連隊を廃止してしまいます。ただし自転車装備は捨てられはせず、基地内の連絡用や輸送用に、活用が図られています。

2012年には、フレームをアルミ合金にし、自重が16・8kgの軍用自転車「MO‐12」が採用されます。このモデルには、シマノの遊星ギア（歯車がすべてケーシング内に収まっている）が装備されました。

車体が軽く、ギアも高性能化したことで、昔よりも体力の無い現代のスイス青年も、32kgの武器と弾薬と需品を車体にくくりつけて、山の中を戦略機動できるようになっているそうです。

２０１４年に俄然、ヨーロッパ諸国は地政学的な現実を再認識させられます。独裁者プーチンがロシア軍の特殊部隊にクリミア半島を侵略させたのです。

２０１５年４月、スイス陸軍は、自転車連隊を復活させる、と公表しました。

手押しスクーターは、非常時の食料・肥料・薪炭の配分に大活躍する

農林水産省は、わたしたち日本国民１人が１日に最低限必要なカロリーは１９００キロカロリーだとしています。

その農水省が編纂した食料需給表によりますと、近代、最も国民が飢餓に苦しんだと考えられる昭和21年（敗戦の翌年で、復員兵や外地居留民らが国内には溢れ、食料輸入は完全に止まっていた）の１人当たり熱量は、供給ベースで１４４８キロカロリーだったと算定されています。

農水省は、もし、不測の戦乱やパンデミック等のせいで輸入が急減するなどし、日本国内で供給し得る食料が国民１人１日１９００キロカロリーを割り込むようになった場合は、農家を強制指導してイモ類を作付けさせ、燃料もそこへ重点的に配分したいと考えているようです。

農水省がこれまで――なかんずく1970年代以降――にやってきた農政については、いろいろな批判があります。また、そもそも石油と化学肥料と飼料をほとんど輸入に依存しているわが国が、国民の食料に関して真の国内自給を迫られた暁には、3000万人から4800万人しか生存はできないはずだという、説得力のある試算も、複数の専門家が公開しているところです。

本書ではその重要な議論を迂回いたします（筆者による考察にご興味ある方は、『封鎖戦』や『兵頭二十八の農業安保論』等をご覧ください）。

ここでは、第1章でご紹介した「チュクードゥー」を含む《運搬用手押しスクーター》が、最悪の全国的な飢餓事態下に於いて、なお、食料危機を緩和し人命を救う役に立つかどうか、想像をたくましくしましょう。

非常時に国策によってイモ類が作付けされた畑、あるいは飼料がなくなり食肉用に潰すことにした家畜の出荷地と、それらの需要者がひしめいている都市部とは、都合よく近接していません。

平時であれば、大小のトラックが走り回って、遠くの耕地や食肉加工場から都市まで、おびただしい重さの農産品を適時に輸送し、最終消費者はそれを商店まで自家用車で随時にアクセスして買い求めることができるでしょう。

しかし食料の輸入が完全に途絶えてしまうほどの国際不穏がもし現実となったとしますならば、食料よりも数等、産地が地球上で限局されている石油や天然ガスや石炭は、食料より一足早く、日本の港への搬入が不如意になっていると考えるのが、常識にかなっていると思います。

2023年時点で、石油は日本国内に240日強の備蓄や在庫があると言われます。しかし石炭は1ヵ月、液化天然ガスは2週間で尽きてしまいます。燃料が底を尽きかけた火力発電所が運転をセーブすることになれば、電気機関車が引っ張る貨物列車も、間引き運転をしなくてはならないでしょう。

エネルギー輸入の全面ストップが長引けば、自動車用燃料の「使い惜しみ」と「売り惜しみ」も始まり、ある特定の場所に、食肉や、緊急作物や、外国からの援助食糧が大量に堆積していても、それを最終需要者の戸口まで分配してやる輸送手段は、限りなく細くなってしまうと覚悟しなくてはなりますまい。

サツマイモは連作障害に強いといっても、肥料なしと肥料ありでは、反収（たんしゅう）はまるで違ってくるはずです。日本の大きな港に貴重な化学肥料が入荷したはいいが、さて、それを内陸部の山の中腹の畑まで、どうやって運べばいいのでしょう？

外国からは、援助品として小麦粉やコメや雑穀が、港に届く可能性があるでしょう。しかし、その多くは、生で口に入れてもヒトの身体がそれを消化吸収できません。とりあえず小麦粉から「すいとん」を作るにしても、鍋の中の水を加熱する薪や柴が必要ですよね。それを里山からどうやって運んでくるのか？

プッシュバイクや、人力で曳くリヤカーや、コンゴ民主共和国の難民が、難民キャンプ内で焚き木燃料を配って歩いている「チュクードゥー」のような手押しスクーター類を、最大限に活用するしか、ありますまい。

江戸時代のわが国に、自転車はありませんでした。

先の大戦の前後には、地方住民の福利を圧迫する車両登録税と、見通しの浅い統制官僚が差配した鉄材飢饉のせいで、国民は自転車をフルに輸送に用いる機会を与えられていません。

「自転車」というファクターが挿入された場合に、はたして、この日本の国土はどのくらいの人口を地産地消で支え得るのか、じつは、誰も知らないのです。

「あとがき」にかえて

学ぶにしくはなし

対露戦争はいずれ避けられないと誰もが感じていた明治35年（1902年）1月下旬、青森歩兵第5連隊は、ロシア軍がもしも海岸の封鎖を仕掛けてきてそれが積雪期に及んだ場合でも「内線機動」のイニシアチブを発揮し得ることを実証すべく、混成中隊210人をして豪雪地帯の八甲田山を敢えて徒歩行軍させてみたところ、不運にも稀な寒波と低気圧に襲われて、11人を除いて全員死亡してしまうという大事件になり、国内を聳動させました。

今日、その雪中行軍と同じコースを、青森駐屯地の陸上自衛隊第5普通科連隊の新隊員たちは、ノルディックの距離スキーのような、踵を浮かせられる「山スキー」（テレマーク・スキー）を操って、迅速に移動してしまいます。大きな荷物は「アキオ」というフィンランド式の橇に乗せて、スキー隊

2024年１月12日、能登半島地震で孤立した被災地に対して、徒歩によって物資を届けようとする自衛隊員たち（写真／陸上自衛隊・中部方面隊）

員がロープで牽引して行くのです。

クロスカントリー・スキーの基本技術は、１９２４年の第1回冬季五輪の頃に欧州で大成したものですから、わが国の明治時代に間に合わなかったのは、やむをえなかったでしょう。

ところで、この世界には、燃料コストもかからず、超人的怪力も必要とせず、徒歩で担いで運べる重さの数倍の荷物を載せて、淡々と、崖崩れ斜面――四輪駆動車すら通過できない阻絶点――をトラバースしたり、険難な山坂を乗り越えて、物資を必要としている場所まで送り届けることができる「プッシュバイク」というタンデム2輪荷車の推進術が、１９５０年代から、あります。その道具の名前はふつう「自転車」と呼ばれているものです。日本の陸上自衛隊が２０２４年1月1日の能登地震の後までそれを知らずにいたのであれば、その技法を教えてくれる友好国もあります。あたかも、ノルディック・スキーを知らなかった日本人が、未知の知識を吸収したときのように、学習は可能なのです。

自転車は、乗るばかりが能ではない

自転車や、手押し式の荷物運搬スクーターは、「脱炭素」や「低速移動社会」の実現に直接に貢献できる、無限のポテンシャルを秘めているように見えます。

現在、自動二輪車（モーターバイク）の実験スピードは時速400kmを超えています。ところが一方では、わが国を含む先進各国の人口構成は、軒並み高齢化が進行しているのです。

現代の、そしてこれから当分の高齢大衆は、むしろ「シニア・カー」や「小特」のような低速交通手段の充実を欲するのではないでしょうか。加速力やクルージング・スピードを誇る高性能モビリティは、現代社会の深刻な課題と向き合っておらず、進化の行き止まりに逢着した観すらあります。

いったん、タンデム2輪の車両の進化の原初段階までもさかのぼって、そこから「低速移動社会」にふさわしい進化を仮想的にやりなおしてみることは、停滞を打破するブレークスルーのきっかけとなるかもしれません。本書はその参考にもなると自負しています。

自動二輪車や自転車／スクーターを、進化の初原までたずねてみても、19世紀の「ドライジーネ」までしかさかのぼりません。まだ2世紀しか経っていないわけです。奇しくもそれは「鉄道」と同じ

近い将来、ロボットの自動二輪車がさまざまな仕事を人間の代わりにこなしてくれるだろう。（イラスト／Powerd by DALL-E3 with Y.I.）

です。

鉄道と自転車には共通点があります。

自然界や天然生物をいくら観察しても、システムとしての鉄道や自転車を思いつくことは、できません。

古代エジプト人もギリシャ人も、ルネサンスの天才たちも、誰ひとり考えつかなかったほどの、奇想天外な二大発明なのです。

少子高齢化社会に向き合いつつ、周辺国からの侵略に強靭に対処するには

自衛隊も自転車を導入しなくていいのでしょうか？

人手不足が深刻化する一方と予想されるこれからの自衛隊は、とうぜん、自転車の全面的な導入を考えるべきです。

その用法も、乗用機動と「押して歩く」輸送手段の、両方ともに実験・研究を進める必要があるでしょう。また後者のプッシュバイク／手押しスクーターについては、戦時とも異なるグレーゾーンの緊急時に、負傷者や病人や交通弱者を運ぶ場合の、必要な補助具、技法、そして関連法令の整備等についても、早めの検討が待たれるでしょう。

2024年度からは、52歳の人でも予備自衛官に応募できるようになりました。

陸上自衛隊の普通科が「自転車歩兵」化すれば、ベテランの陸曹の定年をさらに引き上げることも可能になるはずです。

それにあわせて陸自の体力検定も、たとえば40歳以上については「自転車20km走（雑嚢70kg縛着）」のタイムを計るようにして、その成績に応じて定年を延長できるようにするのが、あるいは合理的で

自転車化した予備自衛官のポテンシャルは、あなどれないものになるはず。（イラスト／Powerd by DALL-E3 with Y.I.）

はないだろうかと空想します。

さらにまた、予備自衛官制度にも、ホンモノの老兵、すなわち昔の「後備役」に相当する、別建ての補助部隊集団があってもいいはずです。その足はさいしょから自転車にすることを前提にしたらどうでしょうか。手押しの自転車、すなわち「プッシュバイク」状態であったとしても、大荷物の歩兵よりも、速く長距離を往けるのですから。

わが国の領土が万一戦場となった暁には、避難民の波が道路をうずめてしまって、大きな車両では移動が困難になる場合も、考えておかなくてはなりません。プッシュバイクは、そのような雑踏の渦中でも推進可能です。そして、1人の健康な「押し手」によって、1人の独歩不能な重患者を、運び出して救出することができる。

これができなかったがために、ビルマ、東部ニューギニア、ガダルカナル島や比島において、日本軍は、無慮数十万の戦友を、ジャングル内に置き去りにするしかなくなり、彼らを見殺しにしているのです。

それらすべて、自転車の準備さえあれば、回避することができたカタストロフだったのです。

《押して歩く自転車》と軍事の関係を興味の中心に据えた一般向け書籍の企画は、いままでいろいろなテーマを形にしてきた私にとっても、出版社さんにプレゼンするのがたいへんでした。たまたま自転車に造詣が深い並木書房の社長に背中を押していただき、こうして有益な1冊に仕上げることができました。

実験、イラスト、資料等にかんしましてさまざまご協力を賜りました皆様にも、深く御礼を申し上げます。ありがとうございました。

令和六年四月

兵頭二十八　識

兵頭 二十八（ひょうどう にそはち）
1960年長野市生まれ。陸上自衛隊北部方面隊、月刊『戦車マガジン』編集部などを経て、作家・フリーライターに。既著に『米中「ＡＩ」大戦』（並木書房）、『有坂銃』（光人社ＦＮ文庫）など多数。現在は函館市に住む。

「自転車」で勝てた戦争があった
—サイクルアーミーと新軍事モビリティ—

2024年５月10日　１刷
2024年５月20日　２刷

著　者　　兵頭二十八
発行者　　奈須田若仁
発行所　　並木書房
〒170-0002 東京都豊島区巣鴨 2-4-2-501
電話(03)6903-4366　fax(03)6903-4368
http://www.namiki-shobo.co.jp
印刷製本　モリモト印刷
ISBN978-4-89063-448-4